Holger Wilkening

Erfolgreiche NACHSUCHE

Zeitgemäße Hundeausbildung
Moderne Ausrüstung
Praktische Schweißarbeit

Müller Rüschlikon

Einbandgestaltung: R2 I Ravenstein, Verden

Titelfoto: Holger Wilkening

Bildnachweis:
Alle Bilder und Grafiken stammen von Holger Wilkening, außer:
Martina Berg: S. 19, Jörg Eberitzsch (www.jagdbuero-kahle.de): S. 94,
Jennifer Karass (www.jenniferkarass.com): S. 3, Steffen Schmidtke (DSt):
S. 13, Katrin Stuhr (DK): S. 13

ISBN 978-3-275-02078-2

Postfach 103743, 70032 Stuttgart
Ein Unternehmen der Paul Pietsch Verlage GmbH & Co. KG
Lizenznehmer der Bucheli Verlags AG, Baarerstr. 43, CH-6304 Zug

1. Auflage 2016

Sie finden uns im Internet unter www.mueller-rueschlikon-verlag.de

Lektorat: Claudia König
Innengestaltung: Kornelia Erlewein
Druck und Bindung: Graspo CZ, 76302 Zlin
Printed in Czech Republic

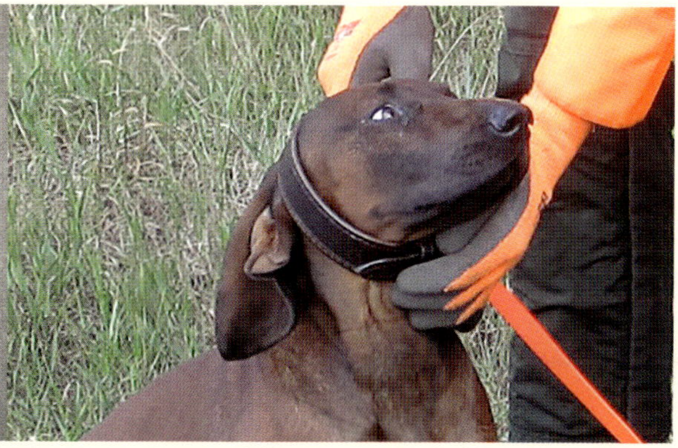

Vorwort

SCHALENWILD bekommt eine immer größere jagdliche Bedeutung: Die Niederwildbestände sind rückläufig und die verbliebenen Hasen, Fasanen und Rebhühner werden von den Jägern lieber gehegt als geschossen. Gleichzeitig steigen die Schalenwildbestände aufgrund einer veränderten landwirtschaftlichen Flächennutzung, einer neuen Form der Waldbewirtschaftung und nicht zuletzt aufgrund klimatischer Veränderungen an. Die Jäger unterliegen dem Druck, diese Wildbestände zu reduzieren, um Schäden in Feld und Wald zu vermeiden. Mit höheren Abschusszahlen beim Schalenwild steigt zwangsläufig auch die Anzahl der Nachsuchen. Hinzu kommen zahlreiche Wildunfälle im Straßenverkehr, bei denen Jäger eine Nachsuche übernehmen. Das Ziel ist es in jedem Fall, das verletzte Wild vor unnötigem Leid und einem qualvollen Tod zu bewahren. Somit erhält die Nachsuche eine besondere Bedeutung, und es muss alles getan werden, um Misserfolge zu vermeiden.

< Erfolgreiche Nachsuche auf einen Rothirsch. Zufriedenheit und Stolz beim Autor und seinem Schweißhund.

Dieses Buch soll Jägern, die ihren Hund und sich selber auf die Nachsuchenarbeit vorbereiten wollen, als Anleitung und Nachschlagewerk dienen. Die Ausbildung des Hundes wird für jedermann nachvollziehbar und umsetzbar erklärt. Der Erstlingsführer kann seinen Hund somit Schritt für Schritt auf Prüfungen und praktische Nachsuchen vorbereiten. Auch der erfahrene Rüdemann erhält mit Sicherheit einige Tipps und Anregungen, die er in die Ausbildung seines nächsten Hundes einfließen lassen kann. Bestandteile einer modernen Ausrüstung werden vorgestellt, ohne Werbung für bestimmte Hersteller zu betreiben und konkrete Kaufempfehlungen zu geben.

Ich wünsche mir, dass ich Ihnen, lieber Leser, mit diesem Buch eine Basis geben kann, um gut gerüstet in die Arbeit auf der Wundfährte einzusteigen. Die Nachsuche ist ein ernsthafter und verantwortungsvoller Bestandteil der Jagd. Sie verlangt bei der Hundeausbildung und in der Praxis viel Engagement und lässt uns auch die unschöne Seite der Jagd kennenlernen. Eine erfolgreiche Nachsuche wird jedoch – mehr als jede andere Form der Jagdausübung – den Hundeführer mit Zufriedenheit und Stolz erfüllen und alle vorangegangenen Mühen vergessen lassen.

Falkensee, im Sommer 2016
Holger Wilkening

Grundgedanken

Allgemeine Überlegungen zur heutigen Jagdhundeausbildung

Die Bezeichnung »JAGDHUND« bezog sich in ihrem Ursprung ausschließlich auf die »jagenden Hunde«, also die Rassen, die wir als »Bracken« kennen. Heutzutage wird der Begriff Jagdhund für alle Rassen von Hunden verwendet, die dem Jäger als Helfer zur Seite stehen. Sie werden nach ihrem angedachten Einsatzbereich unterteilt in Vorstehhunde, Apportierhunde, Bauhunde, Stöberhunde, Jagende Hunde und Schweißhunde. Außer den Schweißhunden wird heute kaum noch ein Jagdhund als Spezialist ausschließlich in seinem ursprünglichen Aufgabengebiet eingesetzt. Terrier und Teckel werden nicht nur unter der Erde zur Raubwildbejagung, sondern auch bei Drückjagden als Stöberhunde verwendet. Stöberhunde wie der Deutsche Wachtel und die Spaniel apportieren bei Treib- und Wasserjagden. Aus den Rassen der »Hühnerhunde« entwickelten sich die »Vorstehhunde«. Sie werden inzwischen ganz offiziell als »Universaljagdgebrauchshunde« bezeichnet und dementsprechend für alle jagdlichen Zwecke – mit Ausnahme der Baujagd – eingesetzt. Für die Nachsuche auf Schalenwild wird heutzutage fast jeder Jagdhund ausgebildet, weil Nachsuchen im Laufe eines Jagdjahres in jedem Revier anfallen.

< Ein Schmalreh ist bei der Nachsuche zur Strecke gekommen.

Geschuldet ist diese Vermischung der Aufgabenbereiche unter anderem dem Stellenwert der Jagd in der heutigen Gesellschaft. Die Jagd ist für Jäger längst nicht mehr der wichtigste Lebensinhalt. Beruf, Familie, Freunde und andere Freizeitaktivitäten verlangen Zeit und Geld, welche der Jagd fehlen. Die Anschaffung, Ausbildung und Haltung mehrerer Jagdhunde für jeden Einsatzzweck stößt daher schnell an zeitliche und finanzielle Grenzen. Hinzu kommen eingeschränkte Lebensverhältnisse. Die meisten Jäger wohnen nicht in einem eigenen großen Haus auf dem Dorf, sondern leben als mittelständische Bürger in städtischer Umgebung. Auch dadurch wird die Haltung mehrerer Hunde erschwert. Bei der Anschaffung eines Hundes verlangt die Familie ein Mitspracherecht. Das soll sie auch haben, denn Jagdhunde verbringen den größten Teil ihres Lebens nicht im Revier, sondern als Familienhunde im Haus bzw. in der Wohnung. Dadurch werden die jagdlichen Eigenschaften häufig zu Gunsten von Größe, Schönheit und familienverträglichem Charakter in den Hintergrund gestellt.

Die Haltung und der Einsatz von Jagdhunden wurden in den letzten Jahren durch Gesetze und Verordnungen geregelt. So dürfen Drückjagden, Treibjagden und die Jagd auf Wasserwild nur durchgeführt werden, wenn genügend brauchbare, d. h. von einem anerkannten Verein erfolgreich geprüfte, Jagdhunde zur Verfügung stehen. Welche Jagdhunderasse soll sich nun ein Jäger anschaffen, wenn er innerhalb eines Jahres sowohl zu Drück- als auch zu Treibjagden eingeladen wird?

Revierpächter müssen häufig mit Pachtbeginn nachweisen, dass sie einen den Revierverhältnissen entsprechend brauchbaren Jagdhund zur ständigen Verfügung haben. Welche spezielle Jagdhunderasse soll sich ein Pächter anschaffen, wenn im eigenen Revier Wald, Feld und Wasser vorhanden sind? Die Auswahl des Hundes wird in Absprache mit der Familie getroffen, und dieser Hund wird dann universell ausgebildet.

»Wer alles kann, kann nichts richtig.« Dieser Satz trifft nicht nur auf Menschen zu, sondern auch auf unsere Jagdhunde. Es ist möglich, einem Hund eine Vielzahl von jagdlichen Arbeiten beizubringen. Die Fähigkeiten des Hundes werden in jedem Fach ausreichen, um die Minimalanforderungen zu erfüllen und eine jagdliche Brauchbarkeitsprüfung zu bestehen. In der Praxis gelangen diese »Universalhunde« jedoch schnell an die Grenzen ihres jagdlichen Könnens. So erlebt man bei Treibjagden, auf denen die Hunde in Schrotschussentfernung suchen sollen, immer wieder Fernaufklärer, die die Schützenkette verlassen, im Wald verschwinden und dort ihre eigene Drückjagd veranstalten. Bei Drückjagden werden Hunde zu Nachsuchen eingesetzt, die zuvor beim Stöbern Gesundfährten gearbeitet haben. Jetzt sollen sie die Fährten von gesundem Wild plötzlich als Verleitungen ignorieren und ausschließlich der Krankfährte folgen. Der Misserfolg solcher Nachsuchen ist vorprogrammiert. Die Hunde trifft dabei gar keine Schuld. Die Jäger, die die Hunde ausgebildet haben, auch nicht direkt. Es ist vielmehr die Kombination aus den heutigen gesellschaftlichen, privaten, jagdlichen und rechtlichen Rahmenbedingungen, die bei unseren Jagdhunden vielfach keine fachlichen Spitzenleistungen mehr möglich machen.

Bedeutung einer gewissenhaften Nachsuche

Bei der Jagd schießen wir auf Lebewesen. Diese Lebewesen sind hoch entwickelte Wirbeltiere mit einem ausgeprägten Schmerz- und Angstemp-

Aus den »Vorsteh-hunden« für die Arbeit im Feld wurden inzwischen die »vielseitigen Jagdgebrauchshun-de« für Feld, Wasser und Wald. Bei einer fachbezogenen Aus-bildung und Führung können aber auch sie zu Spezialisten auf der Wundfährte werden.

finden. Leider gelingt es nicht immer, diese Tiere mit dem ersten Schuss sofort zu töten, sondern manchmal verletzen wir sie nur. Das darf und soll nicht vorkommen, entspricht aber der Realität. In solch einem Fall sind wir es dem Wild schuldig, es gewissenhaft nachzusuchen und so schnell wie möglich von seinen Qualen zu erlösen. Das hat nicht nur etwas mit jagdlicher Waidgerechtigkeit, sondern auch mit allgemeiner Menschlichkeit zu tun.

Gleiches gilt für im Straßenverkehr angefahrene Tiere. Hier ist der Jäger oft derjenige, der für das Wild das größte Mitgefühl aufbringt. Nichtjagenden Autofahrern fehlen die enge Bindung zum Wild und das anatomische Fachwissen. Das Motto lautet dann »Wenn es noch weglaufen kann, kann es nicht schwer verletzt sein«. Zwar sind wir Jäger bei Wildunfällen nicht die Verursacher, wir müssen uns hier dennoch in den Dienst des Tierschutzes stellen und für eine bestmögliche Nachsuche sorgen. Nebenbei können wir durch eine sachliche Aufklärung über Konsequenzen für das angefahrene Stück und unsere Sorge darüber noch einen Beitrag zum positiven Bild des Jägers in der Öffentlichkeit leisten.

Niemand kann uns bei der Suche nach verletztem Wild besser unterstützen als der älteste Jagdhelfer des Menschen, der Hund. Für die Nachsuche gilt: **Der beste Hund ist für das kranke Wild gerade gut genug.** Jeder Jäger sollte der Ausbildung seines Hundes für die Nachsuche daher einen besonderen Stellenwert und besondere Sorgfalt einräumen. Das sind wir dem Wild, das wir nicht nur nutzen dürfen, sondern für das wir auch Verantwortung übernehmen müssen, schuldig.

Jagdhunde

Nasenleistung des Hundes

HUNDE zählen zu den »Nasentieren« und verfügen dementsprechend über einen hervorragenden Geruchssinn. Dabei variiert das Riechvermögen zwischen den einzelnen Rassen. Die Dackel verfügen über circa 125 Millionen Riechzellen, die Retriever über 220 Millionen und Schweißhunde haben bis zu 300 Millionen Riechzellen. (Der Mensch verfügt über circa 5 Millionen Riechzellen.) Egal wie hoch die Anzahl der Riechzellen bei den verschiedenen Jagdhunderassen ist, die Nasenleistung ist in jedem Fall ausreichend, um eine Wundfährte mit vielen Stunden Stehzeit sicher zu arbeiten. Neben der bloßen Anzahl der Riechzellen sind für den hervorragenden Geruchssinn der Hunde nämlich noch einige andere Faktoren entscheidend.

Die Riechschleimhaut im Inneren der Nase hat beim Hund eine Größe von durchschnittlich 130 cm^2 (beim Menschen 10 cm^2). Sie ist beim Hund faltenförmig zusammengelegt. Durch diese Form trocknet die Riechschleimhaut nie vollständig aus, sie wird stets feucht gehalten. Geruchsmoleküle haften auf der feuchten Oberfläche besonders gut und können dadurch intensiv analysiert werden.

< Schweißhunde sind aufgrund ihres ruhigen Charakters für die konzentrierte, lange Nachsuchenarbeit besonders geeignet.

Aufgenommene Geruchsstoffe müssen verarbeitet werden. Dies geschieht im Gehirn. Vergleicht man das Gewicht des Gehirns mit dem Körpergewicht, so haben Hunde ein sehr viel höheres relatives Gehirngewicht als der Mensch. Das Riechhirn des Hundes macht 10 % des gesamten Gehirns aus (beim Menschen 1 %). Damit ist es im Vergleich zum Riechhirn des Menschen riesig.

Wenn ein Hund einer Fährte konzentriert und mit hohem Finderwillen folgt, atmet er in kurzen Atemzügen bis zu 300 Mal in der Minute. Dadurch werden die Riechzellen permanent mit einer großen Menge von Geruchsmolekülen versorgt. Geringste Änderungen eines Geruchs können sofort wahrgenommen werden.

Hunde verfügen – wie einige Wildtiere auch – über das Jacobsonsche Organ (auch Jacob-Organ; beim Menschen nicht vorhanden). Dieses hat eine schlauchartige Form und befindet sich auf beiden Seiten der Nasenscheidewand im Gaumen. Es wird von der normalen Atemluft nicht erreicht. Durch Flehmen können Gerüche jedoch auch vom Jacobsonschen Organ aufgenommen werden. Die Gerüche werden von hier an das Limbische System weitergeleitet und in Emotionen und Triebverhalten umgewandelt.

Insgesamt ist das Riechvermögen eines Hundes circa eine Million Mal besser als das des Menschen. Der Hund muss jedoch lernen, seine Nase zielgerichtet einzusetzen. Dies ist eine der wichtigsten Aufgaben bei der Grundausbildung unseres Hundes auf dem Weg zum Nachsuchenspezialisten.

Hier ein Beispiel, um das Riechvermögen des Hundes zu verdeutlichen: Für das Legen von Übungsfährten friere ich Schweiß in Gläsern und Decken/ Schwarten und Läufe in Plastikbeuteln ein. Sowohl Gläser als auch Beutel sind fest verschlossen und von außen sauber, weil ich sonst Ärger mit meiner Frau bekomme. Wenn ich für das Legen einer Übungsfährte ein Glas und einen Beutel zum Auftauen aus der Gefriertruhe entnehme, bemerkt mein Hund sofort den Wildgeruch an meinen Händen, obwohl diese für das menschliche Auge vollkommen sauber erscheinen. Die Hundenase registriert demnach auch die kleinsten anhaftenden Geruchsmoleküle.

Für die Nachsuche geeignete Rassen

Unabhängig davon, wie viel Millionen Riechzellen die Rasse, für die wir uns entschieden haben, in der Nase hat – die Nasenleistung unserer Jagdhunde reicht aus, um die meisten Nachsuchen zu meistern (vgl. Kapitel »Nasenleistung des Hundes«). Unterschiede zwischen den einzelnen Rassen liegen vielmehr in den seit langer Zeit angezüchteten Eigenschaften. Auch andere jagdliche Einsatzgebiete und der individuelle Charakter beeinflussen die Leistung eines Hundes auf der Schweißfährte.

Dass einige Hunderassen wie Terrier und Vorstehhunde sehr temperamentvoll sind, steht außer Frage. Viele Vertreter ihrer Rasse könnte man sogar als »hyperaktiv« oder »impulsiv« bezeichnen. Dementsprechend ist es schwer, diesen Rassen beizubringen, einer Fährte mit langer Stehzeit und wenig Geruch hoch konzentriert und ausdauernd über mehrere Kilometer zu folgen.

Eine Bracke mag eine hervorragende Nase und großen Finderwillen haben. Wenn sie jedoch zu zwanzig Drückjagden pro Jahr als Stöberhund eingesetzt wird und nur zu fünf Nachsuchen, kann

Bracken haben einen großen Fährtenwillen. Ein häufiger Einsatz als Stöberhund steht dem Einsatz als Nachsuchenhund jedoch entgegen.

man von ihr bei der Schweißarbeit keine Höchstleistung erwarten. Beim Stöbern sollen die Hunde Gesundfährten aufnehmen, um Wild aufzuspüren und es in Bewegung zu bringen. Bei Nachsuchen sollen die Hunde jede Gesundfährte als Verleitung ignorieren und ausschließlich der Krankfährte folgen. Steht eine Krankfährte schon über Nacht und eine kreuzende Gesundfährte erst seit wenigen Minuten, so hat die Gesundfährte unter Umständen deutlich mehr Geruch. Trotzdem soll der Nachsuchenhund sie nicht beachten. Dies ist für einen ambitionierten Stöberhund kaum möglich.

Innerhalb einer Rasse gibt es teilweise große Unterschiede in der Persönlichkeit der Hunde. Das kann man schon bei Welpen innerhalb eines Wurfes beobachten. Hier finden wir immer einen radikalen Draufgänger und auch einen besonders zurückhaltenden Welpen. Bei der Anschaffung eines Hundes muss man sich vor der konkreten Auswahl überlegen, für welchen Zweck er später hauptsächlich eingesetzt werden soll: Für die Drückjagd, bei der der Hund selbständig weiträumig suchen und Schwarzwild schneidig attackieren soll, um es aus der Dickung zu bringen, oder doch eher für die Schweißarbeit, wo Ruhe und Konzentration gefragt sind? Es ist allerdings zu beachten, dass ein Großteil der charakterlichen Prägung erst nach Abgabe des Welpen im neuen Zuhause erfolgt. Insofern sollte man bei der Welpenauswahl wiederum nicht zu viel Kaffeesatzleserei betreiben.

Aufgrund der Jahrhunderte langen Zuchtauswahl, bei der die Spezialisierung auf Nachsuchen im Vordergrund stand, sind Schweißhunde für diese Arbeit besonders geeignet. Sie verfügen über ein ruhiges, ausgeglichenes Wesen und einen großen Fährtenwillen. Aber auch Hunde anderer Rassen können Gleichwertiges auf der Wundfährte leisten, wenn sie im Welpenalter entsprechend geprägt, gewissenhaft ausgebildet und spezialisiert geführt werden.

Wieder ein Beispiel aus der Praxis: Ein Jagdfreund von mir führt einen Labrador. Da diese Rasse jagdlich ursprünglich für das Apportieren von erlegtem Flugwild gezüchtet wurde, sagt man ihr nach, sie sei »weich« und besitze keine Schärfe. Dieser Labrador wird jedoch ausschließlich auf Schweiß und hauptsächlich auf Schwarzwild geführt. Er kann es beim Hetzen und Stellen in puncto Schärfe mit jedem Terrier aufnehmen! Dieser Hund hat es tatsächlich schon geschafft, eine Bache aus ihrem Kessel zu vertreiben und einen wenige Tage alten Frischling zu apportieren! Die Ausbildung und die tägliche Jagdpraxis haben Charakter und Leistung des Hundes geformt.

Hundeausbildung

Voraussetzungen in der Grundausbildung

Die gesamte AUSBILDUNG des Jagdhundes soll step-by-step erfolgen. Bevor wir unseren Hund gezielt für seine erste Schweißprüfung einarbeiten, muss der Grundgehorsam gefestigt sein. Hierzu gehören »Sitz«, »Platz«, »Herankommen«, »Leinenführigkeit« und »Bei-Fuß-Gehen«. Im Alter von einem halben Jahr soll unser zukünftiger Jagdhelfer diese Disziplinen beherrschen – vielleicht noch nicht in Perfektion, aber zumindest so sicher, dass wir ihn nicht ständig ermahnen und korrigieren müssen. Um dieses Ziel zu erreichen, ist tägliches Üben notwendig. Dabei dürfen wir unseren Welpen nicht überfordern, und die Übungseinheiten dürfen nicht zu lang sein. Wir beginnen mit drei Mal täglich fünf Minuten und steigern die Lerneinheiten im Laufe der Monate auf fünf Mal täglich zehn Minuten. Wie man dem Welpen die Grundkommandos beibringt, wird in diesem Buch nicht erläutert, denn hier geht es um die Ausbildung für Nachsuchen auf Schalenwild. Bücher, die sich mit dem Thema »Grundgehorsam von Hunden« beschäftigen, gibt es zahllose – sowohl jagdliche als auch nicht-jagdliche. Ich empfehle, auch mal ein nicht-jagdliches Buch zur Hundeerziehung zu lesen. Die Methoden moderner »Hundeprofis« sind tatsächlich häufig erfolgreicher als die viele Jahrzehnte alte Hundeerziehung mancher Jagdautoren.

< Am Ende der Übungsfährte.

Bevor es mit der Fährtenarbeit losgeht, muss der Welpe die wichtigsten Schalenwildarten kennengelernt haben.

Gewöhnung an Wild

Um sich bei der späteren Ausbildung voll und ganz auf die Fährtenarbeit konzentrieren zu können, darf unser Hund nicht abgelenkt sein. Eine große Gefahr der Ablenkung sind fremde Gerüche, die den jungen Hund entweder besonders interessieren oder die ihn verunsichern. Daher muss unser Hund, bevor wir mit ihm im Revier üben, möglichst viele verschiedene Wildgerüche kennen gelernt haben. Hierzu zählen nicht nur die in unserer jeweiligen Region vorkommenden Schalenwildarten. Auch wenn der Hund später ausschließlich Nachsuchen auf Schalenwild durchführen soll, muss er ebenfalls mit allen anderen Wildarten vertraut sein.

Hierzu zählen mindestens Hase, Fuchs, Marder, Ente und Fasan. Wir brauchen jedoch nicht von jeder Wildart ein ganzes Stück einzufrieren und somit die ganze Gefriertruhe für die Hundeausbildung blockieren. Wenn wir von den Schalenwildarten jeweils einen Lauf, von den sonstigen Haarwildarten jeweils einen Balg und vom Federwild jeweils eine Schwinge vorrätig haben, reicht das zum Kennenlernen aus.

Mit dem Kontakt zum Wild beginnen wir ab der zwölften Lebenswoche des Welpen, wenn er sich in seinem neuen Zuhause eingelebt und uns als Rudelführer, der nicht nur befiehlt, sondern auch beschützt, akzeptiert hat. Wir tauen ein Stück Wild auf und platzieren es im Garten oder bei einem Spaziergang im Revier. »Zufällig« findet der Welpe das Stück. In diesem Moment müssen wir bei ihm sein. Wir loben den Welpen für das Finden und ermutigen ihn, sich dem Wild zu nähern. Hat der Hund das Wild ausgiebig untersucht, ermutigen wir ihn zum Fassen. Hierzu werfen wir das Wild ein paar Meter weit weg und laufen selber hinterher. Der Welpe wird uns begeistert folgen. Spätestens beim dritten Wurf ist der Hund schneller als wir beim Stück und vielleicht greift und beutelt er es dann auch schon. Wir benutzen das Wild noch eine Weile als Spielzeug und nehmen es dann an uns. Im Tausch erhält der Hund ein Leckerli und Lob. Der Hund bekommt das Wild nicht mehr. Wir sind der Rudelführer, wir bestimmen, was mit der Beute geschieht, und die Beute bleibt bei uns!

Festlegung der Rangordnung

Für die spätere Nachsuchenpraxis ist es wichtig, dass wir das Spiel beenden und die Beute an uns nehmen. Damit legen wir die Rangordnung fest. Wenn wir dem Hund die Beute im Welpenalter spielerisch überlassen, kann es passieren, dass er auch später das Wild als seine Beute ansieht und gegen andere Jäger – unter Umständen sogar gegen den eigenen Hundeführer – verteidigt. Das ist für uns nicht nur peinlich, sondern kann auch unseren Ruf innerhalb der Jägerschaft ruinieren. Ein Schütze, der von unserem Hund gebissen wurde, wird uns bestimmt nicht mehr zwecks einer Nachsuche anrufen! Die Bereitschaft des Hundes zur Verteidigung wird zwar noch in manchen Vereinen geprüft, ist in der heutigen Gesellschaft allerdings weder notwendig noch wünschenswert.

Schussfestigkeit

Beim Üben der Schussfestigkeit muss unbedingt auf eine allmähliche, für den Welpen schonende Vorgehensweise geachtet werden. Ich habe Hunde stets am Schießstand an den Schussknall gewöhnt. Dies hat den Vorteil, dass man keinen Helfer benötigt und auch nicht selber schießen muss. Man kann sich voll und ganz dem Welpen und seinem Verhalten widmen.

Schießstände haben feste Schießzeiten, an die sich die Betreiber aufgrund behördlicher Bestimmungen peinlich genau halten müssen. Ein paar Minuten vor Beginn des Schießbetriebes kommt man mit dem circa vierzehn Wochen alten Hund am Schießstand an. Wir stellen unser Auto jedoch nicht direkt auf den Parkplatz, sondern parken etwa zweihundert Meter vom Schießstand entfernt. Wir machen mit dem Hund einen Spaziergang, der zunächst vom Schießstand wegführt. Irgendwann beginnt die Knallerei. Jetzt begehen viele Jäger einen Fehler: Sie machen den Hund mit Worten wie »Hast Du das gehört!? Was war das!?« auf jeden Knall aufmerksam. Für den Welpen bedeutet dies, dass der Knall etwas ganz Besonderes sein muss, weil sogar der Mensch als Rudelführer darauf außergewöhnlich reagiert. Stattdessen müssen wir den Knall völlig ignorieren, so als wäre er ganz selbstverständlich.

Vielleicht ist der Welpe von den neuen Geräuschen trotzdem beeindruckt. In diesem Fall lenken wir ihn mit Spielen ab und sprechen ihm in ruhiger Art und Weise zu, uns wieder Richtung Auto und damit Richtung Schießstand zu folgen. Wir wiederholen diesen Spaziergang beim nächsten Schießtermin und nähern uns dabei dem Stand ein Stück weiter. Bei der vierten oder fünften Übungseinheit ist unser Hund so weit, dass wir ihn mit auf das Schießstandgelände nehmen können. Wenn er sich dort sowohl von Flinten- als auch Büchsenschüssen unbeeindruckt zeigt, nehmen wir beide Waffen beim nächsten Revierspaziergang mit und schießen dort selber. Dabei ist darauf zu achten, dass der Welpe bei der Schussabgabe einige Meter neben oder hinter uns steht. Wenn sich der Welpe vor uns befindet, setzen wir ihn dem vollen Mündungsknall aus und das ist auch für Hundeohren äußerst unangenehm. Ein ständiges Training der Schussfestigkeit ist nicht notwendig. Wenn wir alle zwei bis drei Wochen im Revier einen Schuss abgeben, reicht das als Wiederholung aus.

Sobald unser Welpe eine gewisse Disziplin erlernt hat, ihn fremde Gerüche nicht irritieren und er so selbstbewusst ist, dass ihn menschliche Umweltreize nicht aus der Bahn werfen, können wir mit der systematischen Ausbildung auf der Fährte beginnen.

Fährtenschuh vs. Schweiß

Wenn in der natürlichen Wundfährte Schweiß »wie mit der Gießkanne gegossen« liegt, brauchen wir für eine Nachsuche keinen Hund, erst recht keinen Spezialisten. Nicht selten liegt in einer Krankfährte jedoch kein Schweiß. Zumindest sind die Schweißmengen so gering, dass sie das menschliche Auge nicht erkennen kann. Starkes Wild hat unter Umständen keinen Ausschuss oder der Ausschuss wird durch Feist und Organe zugesetzt. Der wenige Schweiß, der dennoch nach außen läuft, wird von den Haaren der Decke / Schwarte aufgenommen und gelangt nicht sofort zum Boden. Vor allem langes Winterhaar kann erstaunlich viel Schweiß aufnehmen. In solch einem Fall ist eine erfolgreiche Nachsuche nur mit einem auf diese Situation eingearbeiteten Hund möglich. Aus diesem ganz jagdpraktischen Grund empfiehlt es sich, die Schweißmenge in einer Übungsfährte möglichst gering zu halten.

Der Hund muss mit seiner Nase den Unterschied zwischen der Krankfährte des beschossenen Stückes und den Fährten anderen Wildes herausfiltern. Hier zeigt sich der Vorteil der Einarbeitung mit dem Fährtenschuh: Die mit dem Fährtenschuh getretene Übungsfährte unterscheidet sich geruchlich nur in geringen Details von Gesundfährten, die unsere Fährte im Laufe einer mehrstündigen Stehzeit kreuzen. Der »Fährtenschuhhund« hat gelernt, bei der Arbeit auf diese feinen Unterschiede zu achten. Wird ein Hund hingegen mit größeren Mengen Schweiß eingearbeitet, so wird er bei der Nasenarbeit quasi zum Grobmotoriker erzogen. Selbst wenn nur 250 Milliliter Schweiß auf 1.000 Meter Fährtenlänge verwendet werden – wie es z. B. bei der bundesweit anerkannten Verbandsschweißprüfung der Fall ist – handelt es sich für die Hundenase um eine durchgängig stark riechende Fährte. Wenn Hunde bei solch einer Prüfung scheitern, liegt es nicht an fehlender Witterung. Vielmehr sind mangelnde Ausdauer, eine geringe Konzentrationsfähigkeit und andere jagdliche Einsatzbereiche wie das Stöbern auf Gesundfährten die Gründe für den Misserfolg.

Die Einarbeitung mit dem Fährtenschuh muss im Vordergrund stehen, um den Hund auf realistische Nachsuchen mit wenig oder gar keinem Schweiß vorzubereiten.

Alter des Hundes in Monaten	Übungsinhalte
3	spielerisches Kennenlernen der verschiedenen Wildarten
4	- Wildschleppe + Schweiß - Länge 15 Meter - Stehzeit ½ Stunde
6	- getretene Fährte - Länge 300 Meter - Stehzeit 8 Stunden - wenig Schweiß
8	- getretene Fährte - Länge 600 Meter - Stehzeit 12 Stunden - selten Schweiß - Ignorieren von Verleitungen - Arbeiten von Winkeln
10	- getretene Fährte - Länge 800 Meter - Stehzeit 18 Stunden - selten Schweiß - schweißfreie Strecke von 100 Metern - Ignorieren von Verleitungen - sicheres Arbeiten von Winkeln - Verweisen von Wundbetten - Vorsuche - Totverweisen / Totverbellen
12	- getretene Fährte - Länge 1.000 Meter - Stehzeit 24 Stunden - selten Schweiß - schweißfreie Strecke von 200 Metern - Ignorieren von Verleitungen - sicheres Arbeiten von Winkeln - sicheres Verweisen - Vorsuche - Totverweisen / Totverbellen - Überwinden von Hindernissen - Arbeiten mehrerer Fährten

Grober Ausbildungsplan zur ungefähren Orientierung.

Fährtenprotokoll vom ______________ (Datum)

Name des Hundes: ____________________________

Fährte

Länge: __________

Stehzeit: __________

Wildart: _______________

Fährtenschuh: ja / nein

Schweiß: ja / nein   wenn ja, Menge: __________

Entfernung zwischen Schweißtropfen: __________

Schweißfreie Strecke: ja / nein   wenn ja, Länge: __________

Boden (Laubwald, Nadelwald, Wiese etc.) ________________________________

____

Besonderheiten (Wundbetten, scharfe Winkel, starke Verleitungen etc.): _______

____

____

Legen der Fährte

Datum, Uhrzeit: __________ , __________

Temperatur: __________

sonnig / leicht bewölkt / stark bewölkt / trocken / feucht / nass / Regen / Schnee

Arbeiten der Fährte

Datum, Uhrzeit: __________ , __________

Temperatur: __________

sonnig / leicht bewölkt / stark bewölkt / trocken / feucht / nass / Regen / Schnee

Arbeit des Hundes

zögerlich / ruhig / schnell / stürmisch / konzentriert / abgelenkt / verweigert

Details: ____

____

____

____

Fährtenprotokoll für die Beurteilung der Übungsleistung des Hundes.

Vor- und Nachbereitung von Übungsfährten

Die Ausbildung des Hundes bereite ich detailliert vor. Dafür erstelle ich einen jagdlichen Ausbildungsplan. Er beginnt mit der ersten Schleppe für den Welpen und endet mit einer Fährte für den erwachsenen Hund, deren Schwierigkeitsgrad die Prüfungsanforderungen übersteigt. Ich gebe zu, dass ich an der ersten Version dieses Plans noch nie exakt festhalten konnte. Individuelle Eigenschaften des Hundes, Wetterverhältnisse, berufsbedingte Abwesenheit, privater Urlaub usw. führen immer wieder zu Änderungen. Dennoch hilft mir solch ein Plan, die einzelnen Ausbildungsschritte aufeinander aufzubauen, Zwischenziele festzulegen und letztendlich einen bestimmten Ausbildungsstand zu erreichen.

Um die Entwicklung des Hundes nachvollziehen zu können, empfehle ich, die Eigenschaften der Übungsfährte, die Rahmenbedingungen bei der Suche und die Arbeit des Hundes in einem Fährtenprotokoll festzuhalten. Auf diese Weise können wir die Leistung des Hundes objektiv beurteilen und die nächsten Ausbildungsschritte gezielt abstimmen. Am PC lässt sich dafür leicht ein Formular erstellen, das man in wenigen Minuten ausfüllen kann. Sie verdeutlichen sich selber damit die Stärken und Schwächen Ihres Hundes und sind in der Lage, darauf gezielt einzugehen. Über- und Unterforderung des Hundes können so vermieden werden.

Übungsfährten für Welpen und Junghunde

Wenn unser Welpe im Alter von circa sechzehn Wochen alle Wildarten kennen gelernt hat und keine Scheu vor ihnen zeigt, können wir mit den ersten Übungsfährten beginnen. Die klassische Ausbildung fängt stets mit der Futterschleppe an. Ich habe bei allen Hunden die Futterschleppe ausgelassen und gleich mit Wild und Schweiß gearbeitet. Schwierigkeiten gab es dabei nie.

Grundausstattung: Wild und Zubehör

Im Normalfall weiß man einige Monate im Voraus, dass ein Welpe ins Haus kommt. Um mit der jagdlichen Ausbildung reibungslos beginnen zu können, sollten Sie schon frühzeitig alle notwendigen Ausbildungsgegenstände vorrätig haben. Hierzu gehören als erstes die entsprechenden Teile vom Wild: Decken / Schwarten, Läufe und Schweiß. Der Platz, den Sie hierfür im Tiefkühler benötigen, hält sich in Grenzen. Sie brauchen keine ganze Decke / Schwarte ans Ende der Fährte zu legen. Ein Fetzen in der Größe von 30 x 40 Zentimetern reicht aus, um das Fährtenende für den Hund zu markieren. Sie können Decken / Schwarten und Läufe durchaus zwei- bis dreimal benutzen. Dabei ist zu beachten, dass die Läufe durch wiederholtes Auftauen und Einfrieren austrocknen und dann sehr wenig Geruch abgeben. Um dies zu vermeiden, empfehle ich, die Läufe vor der Fahrt ins Revier fünf Minuten zu wässern. Schweiß wird in unterschiedlichen Mengen fertig abgemessen eingefroren. Mehr als 100 Milliliter brauchen wir jedoch auf keiner Fährte. Besorgen Sie sich auch Wild, das nicht bei Ihnen im Revier vorkommt. Ihr Hund soll Fährten aller Schalenwildarten, die ihm später begegnen können, als Beute kennenlernen. Außerdem wissen Sie nicht, welche Wildart später in der Prüfung verwendet wird. Auch deshalb müssen Sie Ihren Hund mit vielen verschiedenen Schalenwildarten in Kontakt bringen und ausbilden. Tipp: Fragen Sie einmal in Dam- und Rotwildgattern nach, um Ihren Bedarf an diesen Wildarten zu decken.

Grundausstattung für die Fährtenarbeit: Decken/Schwarte, Läufe und Schweiß verschiedene

Als »technische Ausstattung« benötigen Sie natürlich Fährtenschuhe. Früher bestanden Fährtenschuhe aus einem groben Stück Holz, an dessen Unterseite Aussparungen eingeschnitten waren. Hier wurden die Läufe mittels verschiedener Klemmtechniken befestigt. Entweder diese Holzklötze wurden unter die normalen Jagdstiefel geschnallt oder man hat alte Stiefel fest auf das Holz aufgeschraubt. Das Laufen mit diesen Fährtenschuhen war eine sehr wackelige und unsichere Angelegenheit. Heutzutage bestehen Fährtenschuhe aus nicht rostendem Metall oder Kunststoff. Um das Laufen angenehmer zu machen, werden Metallschuhe mit Scharniergelenken versehen und die Kunststoffe sind

Schalenwildarten.

biegsam. Die Wildläufe werden meistens im Bereich der Hacken an die Fährtenschuhe angeschraubt. Der Preis für Fährtenschuhe liegt zwischen 100 und 250 Euro. Wenn man über handwerkliches Geschick und entsprechendes Werkzeug verfügt, kann man sich seine Fährtenschuhe selber bauen. Im Internet findet man hierfür verschiedene Anleitungen.

Um eine Fährte zu treten würde es ausreichen, sich einen abgetrennten Lauf mit einem gekürzten Spanngurt unter die Stiefel zu schnallen und auf den Fährtenschuh zu verzichten. Ich habe dabei in der Arbeitsweise der meisten Hunde keinen Unterschied feststellen können. Allerdings verliert man die Läufe mit der Spanngurt-Methode leicht und

Moderner Fährtenschuh mit eingespanntem Rotwildlauf.

muss bei längeren Fährten häufig neu einspannen, was auf Dauer lästig ist. Außerdem fordern die Prüfungsordnungen für Fährtenschuhprüfungen, dass die Schuhsohle des Fährtenlegers den Boden nicht berühren darf. Aus meiner Sicht eine unverständliche Regelung. An den Fährtenschuhen haftet ohnehin der Geruch des Fährtenlegers, weil er sie zu Hause aufbewahrt und zum Anlegen in die Hand nimmt. Moderne Fährtenschuhe sind zudem mit Profil oder Stollen ausgestattet, um ein Ausrutschen auf feuchtem oder steilem Boden zu vermeiden. Damit stammt die Bodenverwundung nicht mehr ausschließlich von den Wildschalen, sondern ähnelt der eines grobprofiligen Jagdstiefels. Da wir die Prüfungsordnungen jedoch akzeptieren müssen, arbeiten wir unseren Hund mit prüfungskonformen Fährtenschuhen ein. So können wir eine Irritation des Hundes am Prüfungstag auf jeden Fall ausschließen.

Um Schweiß auszubringen, brauchen Sie eine Spritzflasche wie sie im Baumarkt als Wasser-Spritzflasche erhältlich ist. Damit die kleine Öffnung nicht verstopft, muss der Schweiß vor seiner Verwendung gesiebt werden. Ich habe Schweiß fast immer gespritzt, nicht getupft, weil es die sauberere und einfachere Methode ist. Ein motivierter Hund arbeitet beide Varianten.

Die erste und einzige Schleppe

Die erste Schleppe legen wir in vertrauter Umgebung, am besten im Garten. Wenn Sie keinen Garten haben, wählen Sie einen Revierteil, den Ihr Welpe von Spaziergängen kennt. Legen Sie die Schleppe unbedingt dort, wo wenig Menschen mit ihren Hunden unterwegs sind. So vermeiden Sie, dass andere, frei laufende Hunde die Schleppe während der Stehzeit untersuchen und ihren Geruch hinterlassen. Das würde den Welpen irritieren oder sogar abschrecken. Lassen Sie den Welpen noch nicht bei ungünstigen Witterungsverhältnissen oder auf schwierigem Untergrund suchen (vgl. Kapitel »Äußere Einflüsse auf die Leistung des Hundes«). Der Welpe muss bei dieser ersten Arbeit schnell zum Erfolg kommen!

Wir spritzen etwas Schweiß auf den Fetzen einer Decke/Schwarte und ziehen ihn an der Reizangel (vgl. Kapitel »Körperliche Fitness für Jäger und Hund«) seitlich neben uns fünfzehn Meter weit. Ich verwende für die erste Schleppe immer Decken/Schwarten, weil sie mehr Witterung abgeben als ein Lauf oder ein Haupt. Merken oder markieren Sie sich den Verlauf der Schleppe ganz genau! Der Hund soll dem Wildgeruch folgen und nicht Ihrer Fußspur auf dem Boden! Diese verläuft dank der Reizangel circa zwei Meter daneben. Da die Stehzeit noch sehr kurz sein wird, können wir die Decke/Schwarte gleich am Ende der Schleppe liegen lassen ohne Gefahr zu laufen, dass sie von Raubwild gefunden und weggetragen wird. Nach einer Wartezeit von einer halben Stunde setzen wir den Welpen an. Lassen Sie ihn dabei eine kurze Leine hinter sich herziehen. So gewöhnt sich der Hund an den späteren Schweißriemen und man kann besser korrigierend eingreifen, wenn er die vorgegebene Richtung verlässt.

Im Normalfall reicht es aus, den Hund an den Anfang der Schleppe zu führen. Er wird dem bereits bekannten und durch Spiel positiv verknüpften Wildgeruch von sich aus interessiert folgen. Tut er das wider Erwarten nicht, hocken wir uns hin und untersuchen den Beginn der Schleppe. Wenn der Welpe sieht, dass Sie sich für diese Stelle interessieren, wird er Ihrem Beispiel folgen. Gehen Sie einen Schritt weiter in Schlepprichtung und untersuchen Sie den Boden auch hier. Spätestens jetzt wird Ihr Hund die Geruchsspur aufnehmen. Falls das nicht der Fall sein sollte, lesen Sie bitte das Kapitel »Desinteresse des Hundes«, dort finden Sie bestimmt eine Lösung für das Problem.

Wenn der Welpe am Ende dieser kurzen Schleppe angekommen ist, ist die Freude groß! Spielen Sie mit dem Hund! Werfen Sie die Decke/Schwarte und lassen Sie den kleinen Racker fassen und beuteln! Beginnen Sie ein Zerrspiel mit Ihrem zukünftigen Jagdhelfer! Verschönern Sie ihm diesen ersten Erfolg! Nach ein paar Minuten beenden Sie das Spiel und nehmen die Decke/Schwarte an sich. Der Hund bekommt im Tausch ein Leckerli, das er am liebsten frisst. Hat Ihr Hund gut gearbeitet, war dies die einzige Schleppe für ihn. Für die weitere Ausbildung gehen wir über zur mit Läufen getretenen Fährte.

Fährtenarbeit

Auch, wenn die erste Fährte noch immer sehr kurz ist, spannen wir Läufe in die Fährtenschuhe und ziehen sie an. Beide Läufe und der verwendete Schweiß müssen von demselben Stück Wild stammen, um in ihren Bestandteilen einen identischen Geruch abzugeben. Der Hund soll lernen, dem Geruch eines einzelnen Stücks zu folgen und nicht dem Geruch eines ganzen Rudels oder einer

Rotte. Auf die Schalen tropfen wir etwas Schweiß. Dieser läuft beim Fährtetreten auf den Boden oder wird an Pflanzen abgestreift. Mit kleinen Schritten legen wir eine Fährte von 20 Metern Länge. Die Stehzeit belassen wir zunächst bei einer halben Stunde. Das weitere Prozedere ist das gleiche wie bei der Schleppe:

1. Hund an den Anfang der Fährte führen
2. Hund motivieren, die Fährte aufzunehmen
3. Hund am Ende die Arbeit versüßen

Hat der Hund diese Übung gemeistert, erhöhen wir den Schwierigkeitsgrad wieder ein wenig. Wir treten eine Fährte und spritzen alle drei Schritte ein klein wenig Schweiß auf den Boden. Somit haben wir keinen durchgängigen Schweißgeruch mehr, sondern der Hund findet diesen besonderen Geruch etwas seltener. Die Fährtenlänge wird auf 30 Meter und die Stehzeit auf eine Stunde erhöht. Trotzdem sollte diese Arbeit für den jungen Hund kein Problem darstellen.

Diese ersten kurzen Fährten dienen dazu, dem Hund beizubringen, seine Nase zielgerichtet einzusetzen. Außerdem lernt er, dass es sich lohnt, einem außergewöhnlichen Geruch zu folgen, weil am Ende eine tolle Belohnung auf ihn wartet. Man kann den Fährtenbeginn auch mit Schnitthaar von den verwendeten Läufen und einigen größeren Schweißspritzern versehen. Mit diesem intensiven Geruch erhöhen wir den Beutetrieb und die Motivation des Hundes. Als Nachsuche-Spezialisten werden wir allerdings häufig Fährten arbeiten, bei denen am An- und Ausschuss keine deutlich sichtbaren Pirschzeichen liegen. Darauf sollten wir unseren Hund vorbereiten. Er muss lernen, auch Fährten mit wenig Witterung am Anschuss mit großem Finderwillen zu arbeiten.

Sobald unser Hund den Befehl »Bleib!« beherrscht, bauen wir diesen in die Übungen mit ein. Wir legen unseren Hund einige Meter vom Beginn der Fährte entfernt ab. Dann begeben wir uns an den »Anschuss« und untersuchen ihn. Dabei wenden wir uns in Richtung Hund, damit wir ihn im Blick behalten und auch er beobachten kann, was wir Interessantes tun. Zögern Sie das Untersuchen des Fährtenbeginns nicht zu lange hinaus, sonst ist die Spannung für den jungen Hund zu groß. Er hält dann das »Bleib« nicht mehr aus und läuft zu Ihnen. Zehn bis zwanzig Sekunden reichen für die Untersuchung des »Anschusses« anfangs aus. Wir holen unseren Hund schließlich von seinem Warteplatz ab und setzen ihn am Beginn der Fährte an.

In den kommenden Wochen erhöhen wir die Fährtenlänge und die Stehzeit kontinuierlich. Den Schweiß reduzieren wir soweit, dass wir nur noch alle zehn Schritte einen Spritzer auf den Boden geben. Bedenken Sie, dass wir uns hier noch in der Ausbildungsphase des Junghundes befinden. Für den erwachsenen Hund werden wir später Fährten von über einem Kilometer Länge, einer Stehzeit von 24 Stunden und (fast) ohne Schweiß legen. Aber bis dahin dauert es noch einige Monate.

Arbeitstempo

Bei temperamentvollen Hunden erlebt man es immer wieder, dass der Hund am Riemen voranstürmt. Der Hundeführer ist nicht mehr Führer, sondern nur noch ein Anhängsel, das der Hund hinter sich durch den Wald zerrt. Eine ruhige und konzentrierte Arbeitsweise des Hundes ist aber bei der Nachsuche sehr wichtig! Nur so wird der Hund Abgänge und Wundbetten nicht überschießen. Das Tempo soll so schnell bzw. langsam sein, dass der Hundeführer bequem folgen und sich dabei auf den Hund und die Fährte konzentrieren kann.

Auf der Übungsfährte. Der Schweißhund arbeitet konzentriert und ruhig, der Nachsuchenführer kann bequem folgen.

Wird der Hund am Riemen zu heftig, halten wir ihn an. Wir legen ihn neben der Fährte ab und beruhigen ihn mit Worten und Streicheln. Nach ein paar Minuten Pause führen wir ihn in die Fährte zurück und setzen die Arbeit fort.

Markieren der Fährte

Nur wenn wir eine Kontrollmöglichkeit haben, können wir die Leistung unseres Hundes auf der Übungsfährte beurteilen. Voraussetzung hierfür ist, dass wir selber die Fährte und ihre besonderen Eigenschaften genau kennen. Deshalb bringen wir beim Legen von längeren Fährten im gesamten Verlauf gut sichtbare Markierungen an.

Zum Markieren können wir Markierungsband, Forstfarbe, Sprühkreide oder Malkreide verwenden. Die Kreiden sind nach einigen Regenschauern wieder von den Bäumen abgewaschen. Das ist ein Vorteil, wenn wir unser Revier nicht dauerhaft farbig gestalten wollen. Mit verschiedenfarbigen Markierungsbändern oder Farbsprays können wir mehrere Fährten im Revier langfristig auszeichnen und bei Bedarf schnell nutzen. Allerdings haben wir dann viel unnatürliche Farbe im Wald, für die sich auch Spaziergänger und Pilzsammler interessieren.

Ich bevorzuge Markierungsband, das ich beim Arbeiten der Übungsfährte wieder einsammle. Den letzten Fährtenpunkt muss man sich bei dieser Vorgehensweise immer gut merken, damit man den Hund bei einer notwendigen Korrektur neu ansetzen kann. Wichtige Stellen wie Wundbetten und Abgänge werden in besonderer Weise – ich verwende Markierungsband in einer anderen Farbe – gekennzeichnet.

> **Eine genaue Markierung der Fährte ist wichtig, falls wir zurückgreifen und den Hund neu ansetzen müssen.**

Den Abstand zwischen den einzelnen Markierungen wählen wir so, dass wir von einer Markierung aus die nächste sehen können. In der Höhe werden die Markierungen nicht auf Nasenhöhe des Hundes, sondern auf unserer Augenhöhe angebracht.

Übungsfährten für Fortgeschrittene

Der Hund soll im Alter von acht Monaten eine Fährte mit folgenden Eigenschaften sicher arbeiten können:

- Fährtenlänge 600 Meter
- Stehzeit 12 Stunden über Nacht
- Mit dem Fährtenschuh getreten
- Alle zehn Meter ein Spritzer Schweiß

Ist unser Hund auf diesem Ausbildungsstand, beherrscht er die einfache Schweißarbeit. Wir erweitern die Ausbildung jetzt um einige Bausteine, um unseren Hund gezielt auf die Nachsuchenpraxis vorzubereiten. Hierbei gehen wir wie bei der Welpenausbildung Schritt für Schritt vor. Bauen wir zu viele neue Elemente in eine Fährte ein, müssen wir unseren Hund zu häufig korrigieren. Das führt sowohl beim Hund als auch bei uns zu Frustration.

Verleitungen

Bei einer Stehzeit über Nacht und einem halbwegs intakten Wildbestand sollten Verleitungen, die über die Fährte führen, auf natürliche Weise vorhanden sein. Dennoch wollen wir auf Nummer sicher gehen. Dazu legen wir die Übungsfährte gezielt über starke Wechsel. Wir können die Fährte auch nahe einer gut angenommenen Suhle oder Kirrung vorbeiführen. Oder wir lassen die Fährte parallel zu einer Wald-Wiese-Grenze verlaufen, an der viel Wild zieht. Wenn unser Hund die Übungsfährte arbeitet, darf er einer Verleitung einige Meter folgen. Es ist

Wenn wir die Fährte über starke Wechsel ...

... oder parallel zu vom Wild häufig besuchten Waldkanten legen, sind genügend Verleitungen vorhanden.

wichtig, dass der Hund selber erkennt, dass der Geruch ein anderer geworden ist und er von sich aus wieder die ursprüngliche Fährte sucht. Erst wenn unser Hund der Verleitung circa zehn Meter gefolgt ist (Länge des Schweißriemens), bekommt er von uns das scharfe Kommando »Zurück zur Fährte!«. Dann nehmen wir unseren Hund am kurzen Riemen und führen ihn an eine Stelle der Übungsfährte zurück, die kurz vor der Verleitung liegt und setzen ihn dort neu an. Hierzu ist es wichtig, dass wir die Fährte exakt markiert haben! Beim Zurückführen des Hundes dürfen wir nicht entnervt reagieren und ihn zurück zerren. Solch ein Verhalten unsererseits kann ihn stark verunsichern (vgl. Kapitel »Desinteresse des Hundes«). Das scharf gesprochene Kommando »Zurück zur Fährte!« reicht aus, um dem Hund zu signalisieren, dass wir mit seiner Leistung nicht zufrieden sind. Danach setzen wir die Arbeit ruhig und motivierend fort. Selbstverständlich kann man den Hund auch traditionell von der Verleitung abtragen, was meiner Erfahrung nach aber keinen Unterschied zum Wegführen macht.

Bei echten Nachsuchen muss sich der Hund selber korrigieren, wenn er die Fährte verloren hat, weil wir den Fährtenverlauf nicht kennen. Ein Hund, der einer Verleitung schon längere Zeit folgt, wird die Krankfährte nicht mehr selbständig wiederfinden. Daher greifen wir in der Ausbildung frühzeitig ein, wenn unser Hund die Übungsfährte verlässt. So lernt der Hund, dass Verleitungen von Anfang an tabu sind. Wir dürfen den Hund auch nicht daran gewöhnen, dass wir ihn punktgenau an der Übungsfährte neu ansetzen, wenn er sie verloren hat. Wir tun dies nur die ersten paar Male, bis er verstanden hat, was wir von ihm wollen. Danach dirigieren wir ihn lediglich in die ungefähre Richtung. Den genauen Fährtenverlauf muss er sich – genau wie später auf der natürlichen Wundfährte – selber wieder suchen.

Der Hund erreicht das künstliche Wundbett und verweist.

Winkel und Abgänge

Als nächsten Ausbildungsschritt legen wir die Übungsfährte zunächst für eine längere Strecke geradeaus. Irgendwann ändert unsere Fährte in einem nahezu rechten Winkel die Richtung. Der Hund muss ruhig und konzentriert arbeiten, um diesen Abgang in der Fährte nicht zu verpassen. Wir müssen den Punkt der Richtungsänderung genau markieren, damit wir unserem Hund bei einer notwendigen Korrektur eine exakte Hilfestellung geben können.

Der Hundeführer untersucht diese Stelle und lobt den Hund.

Krank geschossenes Wild zieht häufig noch eine Weile zusammen mit dem Rudel/der Rotte, bevor es sich absondert und einschiebt. Um diese Situation zu simulieren, legen wir die Übungsfährte zunächst auf einem stark angenommenen Wechsel und lassen sie dann abbiegen. Für den Hund ist es besonders schwierig, hier den Abgang zu finden, weil Wild, das auf dem Wechsel zieht, Geruchspartikel aus der Übungsfährte verschleppt. Um später in der Praxis zu bestehen, muss unser Hund aber auch auf solch kniffelige Situationen vorbereitet werden.

Verweisen

Bei realen Nachsuchen werden wir häufig Krankfährten arbeiten, deren Verlauf für uns nicht kontrollierbar ist. Um die Gewissheit zu haben, dass der Hund noch die richtige Fährte arbeitet, bringen wir ihm das Verweisen bei. Hierzu legen wir in der Übungsfährte mehrere Wundbetten an. Dazu treten wir mit dem Fährtenschuh die Pflanzen am Boden auf einer Fläche von circa 50 x 50 Zentimetern platt und geben eine etwas größere Menge Schweiß auf diese Stelle. Alternativ oder zusätzlich zum Schweiß können wir vom Lauf im Fährtenschuh mit einem Messer Schnitthaar abschaben und ins Wundbett legen. Schnitthaar müssen wir allerdings auf dem Boden festdrücken damit es vom Wind nicht weggetragen wird. Das künstliche Wundbett wird so markiert, dass wir es schon erkennen können, bevor der Hund es erreicht.

Die meisten Hunde werden an dieser Stelle kurz anhalten, um die besonders intensive Witterung genau zu bewinden. In diesem Moment lassen wir den Hund nicht weitersuchen. Wir halten den Riemen fest und gehen mit den Worten »Lass sehen, mein Hund!« am Riemen nach vorne, um das Wundbett selber zu untersuchen. Dabei loben wir den Hund und schicken ihn anschließend mit »Such verwund!« zur weiteren Suche. Wenn unser Hund das Wundbett nicht beachtet, sondern überschießt, müssen wir ihn beim nächsten Wundbett anhalten. Dazu bleiben wir in dem Moment, in dem der Hund das Wundbett erreicht, stehen und halten ihn am Riemen. Wir gehen wie oben beschrieben nach vorne, betrachten das Wundbett, loben den Hund, sobald er sich auch dafür interessiert und setzen die Suche fort. Auf diese Weise bringen wir dem Hund bei, dass solch eine Stelle etwas Besonderes ist, das einer genaueren Untersuchung bedarf.

In der späteren Praxis soll der Hund nur außergewöhnliche Punkte in der Fährte anzeigen. Es macht keinen Sinn, den Hund so pedantisch auszubilden, dass er jeden Tropfen Schweiß verweist. Auf einer Krankfährte, in der alle fünf Meter Schweiß zu finden ist, würde das die Nachsuche nur aufhalten und keinen Nutzen bringen.

Theoretisch ist es auch möglich, Verweiserpunkte in Form von Knochensplittern oder Wildbretteilchen anzulegen. Bei einer Stehzeit der Fährte über Nacht füttern wir damit allerdings nur die Waldmäuse. Manche Hundeausbilder legen die Wildteile in Dosen mit Löchern im Deckel. So sind sie vor dem Verschwinden geschützt und der Hund kann sie riechen. Die Frage ist, welcher Geruch in diesem Fall außergewöhnlicher ist und was der Hund daher verweist: Den Wildgeruch oder die Dose aus der heimischen Garage? Ich versuche immer, Übungsfährten so naturgetreu wie möglich zu gestalten und verzichte weitestgehend auf menschliche Gegenstände als Hilfsmittel.

Hindernisse

Das Überqueren von Hindernissen stellt für manche Hunde eine Schwierigkeit dar, weil sie aus der konzentrierten Nachsuchenarbeit herausgerissen werden, ein anderes Problem lösen müssen (nämlich das Überqueren des Hindernisses) und dann geistig zur Nachsuche zurückfinden müssen. Um dies zu trainieren, legen wir die Übungsfährte über Gräben, durch das Astwerk umgestürzter Bäume oder durch Brombeerranken. Dabei dürfen wir nicht davor zurückschrecken, dass diese Streckenführung auch für uns mühevoller ist.

Vorsuche

Häufig beginnt die Nachsuchenarbeit mit einer Vorsuche. Dies ist der Fall, wenn der Schütze den Standort des Wildes beim Schuss nicht bestimmen kann oder wenn wir am An- und Ausschuss keine Pirschzeichen finden. Auch beim Umschlagen von schweren Dickungen nutzen wir die Vorsuche, um einen möglichen Auswechsel des Wildes zu finden. Dazu nehmen wir den Hund am kurzen Riemen und gehen eine Linie ab, die von der Krankfährte gekreuzt werden muss. Unser Hund soll diesen Punkt finden und die Fährte aufnehmen.

Auf der Übungsfährte lässt sich die Vorsuche leicht simulieren: Wir setzen unseren Hund nicht am Anschuss

Hindernisse wie Gräben (oben) oder Totholz (unten) muss der Hund überwinden, ohne die Konzentration auf die Fährtenarbeit zu verlieren.

an, sondern lassen ihn über die Fährte suchen. Der Punkt an dem wir die Fährte kreuzen wollen, muss exakt markiert werden, damit wir die Reaktion des Hundes beurteilen und ihn gegebenenfalls korrigieren können. Um es dem Hund anfangs leichter zu machen, geben wir an den Kreuzungspunkt und kurz dahinter in Fährtenrichtung einen Spritzer Schweiß.

Arbeiten mehrerer Fährten

Vor allem nach einer Ernte- oder Drückjagd müssen wir oft mehrere Nachsuchen in kurzer Zeit durchführen. Manche Hunde haben damit Probleme. Sie haben gelernt, dass nach einer erfolgreichen Suche das Tageswerk geschafft ist. Sie scheinen innerlich auf »Freizeitmodus« zu schalten und zeigen an weiteren Fährten kein Interesse. Bringen Sie Ihrem Hund daher bei, dass er auch zwei oder drei Fährten nacheinander arbeiten muss. Diese dürfen allerdings nicht alle die maximale Länge haben, die Ihr Hund beherrscht, das würde ihn körperlich und geistig überfordern.

Im Alter von zwölf Monaten sollte Ihr Hund folgende Leistungen zeigen:

- Fährtenlänge 1.000 Meter
- Stehzeit 24 Stunden
- Mit dem Fährtenschuh getreten
- Alle zwanzig Meter ein Spritzer Schweiß, zwischendurch eine schweißfreie Strecke von 200 Metern
- Selbständiges Finden der Fährte mittels Vorsuche
- Verweisen von mindestens zwei von vier Wundbetten
- Überqueren eines Hindernisses
- Variante zur 1.000-Meter-Fährte: Arbeiten von zwei Fährten zeitlich kurz hintereinander, Längen 700 Meter und 300 Meter

Vorsuche an der Waldkante: Der Schweißhund hat den Einwechsel gefunden.

Am Ende der Übungsfährte

Ein frisches, ganzes Stück Wild am Ende der Fährte ist für jeden Jagdhund die größte Belohnung. Aber welcher Jäger hat schon die Möglichkeit, direkt nach der Erlegung eines Stückes eine Fährte zu legen, die dann am nächsten Tag gearbeitet wird? Über die Lebensmittelhygiene wollen wir besser gar nicht nachdenken, wenn wir ein Stück, das über Nacht schon in der Kühlung hing, noch einmal zur Suche in den Wald legen. Das Einfrieren von Schweiß, Läufen und Decken / Schwarten ist eine gute Alternative.

Seit Jahrzehnten hält sich hartnäckig die Meinung, dass Läufe und Schweiß, mit denen die Fährte gelegt wird, immer von demselben Stück stammen müssen, dessen Decke / Schwarte am Fährtenende liegt. Damit soll der Hund am Ende der Arbeit den Geruch der Fährte mit der gefundenen Decke / Schwarte verknüpfen. Meine praktische Erfahrung zeigt jedoch etwas anderes: Der Hund muss lediglich eine besondere Belohnung finden, die ihm das Ende der Fährte signalisiert. Nicht jeder Hund ist dabei mit einer mehrmals eingefrorenen und aufgetauten Decke / Schwarte glücklich. Was der Hund finden soll, ist von Hund zu Hund unterschiedlich. Für einen besonders verfressenen Hund ist der volle Futternapf das größte Geschenk. Vor allem, wenn er am Tag vor der Fährtenarbeit gefastet hat. Für einen besonders raubwildscharfen Hund ist es das Tollste, einen Marder oder Fuchs zu finden, den er dann ausgiebig beuteln darf. Dabei soll selbstverständlich nur gesundes Raubwild verwendet werden, um eine Ansteckung des Hundes mit Krankheiten zu vermeiden. Ein besonders verspielter Hund freut sich als Belohnung am meisten über sein Lieblingsspielzeug, das dann auch ausgiebig zum

Dieser Hund bevorzugt als Belohnung den vollen

Einsatz kommt. Zusätzlich können sich am Ende der Fährte Personen verstecken, mit denen der Hund besonders gerne spielt, z. B. Ihre Kinder. Was Ihr Hund als liebste Belohnung bevorzugt, müssen Sie selber herausfinden. Dies kann sich im Laufe

utternapf, nicht die Läufe, mit denen die Fährte getreten wurde.

der Zeit auch ändern. Welpen bevorzugen oft andere Dinge als erwachsene Hunde. Fällt die Freude Ihres Hundes am Ende der Fährte eher verhalten aus, versuchen Sie, die Belohnung zu optimieren.

Der Hundeführer muss seine Freude am Ende der Fährte ebenfalls zeigen. Ein gemurmeltes »Brav gemacht« und ein kurzes Tätscheln des Hundes reichen nicht als Lob für eine gute Arbeit. Der Hund muss merken, dass sein Rudelführer regelrecht begeistert ist! Dabei tut man sich keinen Abbruch, den Hund abzuliebeln, mit ihm zu spielen und sich dabei auch mal mit dem Hund zusammen auf dem Boden zu wälzen.

Das positive Erlebnis am Ende der Fährte muss sich langfristig in das Gedächtnis des Hundes einprägen. Wenn der Hund schon am Anfang der Arbeit weiß, dass am Ende etwas ganz Besonderes auf ihn wartet, wird sein Finderwille außergewöhnlich groß sein.

Totverweisen, Totverbellen

Bei Nachsuchen wird der Hund grundsätzlich am Riemen geführt. Wenn der Hund an das verendete Stück kommt, befindet sich der Führer also unmittelbar dahinter. Es gibt zwei Ausnahmen: Wir schnallen den Hund, weil die Vegetation so dicht ist, dass wir nicht folgen können oder weil der Riemen den Hund stark behindern würde. Das ist beispielsweise in Brombeerdickungen oder in hohem Raps der Fall. Die zweite Ausnahme ist, wenn das Wild nach einem Fangschuss noch einmal flüchtig wird. Dann hetzt der Hund das Stück bis es letztendlich in der Fährte zusammenbricht und verendet.

Beim Totverweisen soll der Hund, sobald er das verendete Wild gefunden hat, zu seinem Führer zurückkehren und ihn zum Stück bringen. Mit der Ausbildung zum Totverweiser beginnen wir, wenn der Hund die Fährtenarbeit sicher beherrscht und wir ihn ohne Riemen frei suchen lassen können. Zwanzig Meter vor dem Fährtenende schnallen wir den Hund. Vermutlich wird er sich unsicher umschauen, weil er es bisher gewohnt war, dass wir ihm am Riemen folgen. Mit dem Kommando »Such verwund!« animieren wir ihn, die Fährte auch ohne uns weiterzuarbeiten. Am Fährtenende darf der Hund keinen selbständigen Zugriff auf seine Belohnung haben! Es muss für ihn einen Grund geben, weshalb er Kontakt zu uns aufnehmen sollte. Dazu legen wir sein Futter in einen fest verschließbaren Behälter mit kleinen Löchern oder hängen sein Spielzeug in einen Baum, so dass er es sehen, aber nicht erreichen kann. Kommt der Hund nicht von sich aus zurück, um uns zu Hilfe zu holen, rufen wir ihn. Anschließend gehen wir zusammen zum Fährtenende. Dabei ist es wichtig, dass der Hund vorangeht und nicht hinter uns läuft! Schließlich soll er uns später den Weg zum Wild zeigen. Am Fährtenende erhält der Hund seine Belohnung und sein Lob.

Die Abstände zwischen dem Punkt des Schnallens und dem Fährtenende erhöhen wir bei jeder weiteren Übung. Ich lasse den Hund allerdings nur so weit frei suchen wie ich ihn sehen und schnell Einfluss auf ihn nehmen kann. Im Wald sind das vielleicht nur fünfzig Meter, lässt man die Fährte auf einer Wiese enden, können es auch einhundert Meter sein.

Wenn Ihr Hund verstanden hat, dass er am Ende der Fährte zu Ihnen zurückkommen soll, verstecken Sie sich nach dem Schnallen hinter einem Baum. So kann der Hund keinen Blickkontakt aufnehmen, sondern muss die Fährte völlig selbständig zu Ende bringen und Sie auf seiner eigenen Rückfährte suchen.

Das Totverbellen ist in der Praxis nur bedingt brauchbar. Die Entfernung kann nach einer Hetze so groß sein, dass wir unseren Hund nicht hören. Oder ein kräftiger Wind lässt die Bäume rauschen, so dass der Laut des Hundes überlagert wird. Wenn Sie Ihren Hund dennoch zum Totverbeller ausbilden wollen, so muss schon der Welpe die Veranlagung zum Lautgeben haben. Solch einen Hund animieren

Der Totverbeller muss am Fährtenende lang anhaltend Laut geben, bevor er für seine Arbeit belohnt wird.

Sie an jedem erlegten Stück und am Ende jeder Übungsfährte zum Bellen. Erst wenn er ausgiebig Laut gegeben hat, bekommt er seine Belohnung. Die Ausbildung zum Totverbeller erfolgt wie beim Totverweiser über das Schnallen des Hundes. Der Unterschied ist der, dass der Hund nicht zu uns zurückkommen soll, sondern er soll uns durch Lautgeben zu sich rufen. Auf der ersten Übungsfährte für den Totverbeller reagieren wir sofort, wenn der Hund am Fährtenende bellt. Die Abstände zwischen dem Beginn des Lautgebens und unserem Kommen erhöhen wir kontinuierlich. Der erwachsene Hund soll mindestens zehn Minuten durchgängig totverbellen.

Erschwernisse, Probleme, Lösungen

Äußere Einflüsse auf die Leistung des Hundes

Sowohl bei ÜBUNGSFÄHRTEN als auch später bei der Nachsuchenarbeit wird jeder Jäger erleben, dass sein Hund nicht immer in Bestform ist. Häufig sind es äußere Einflüsse, die die Leistung des Hundes einschränken. Dabei wird zuerst an das Wetter gedacht. Aber auch die Vegetation und die Bodenbeschaffenheit gehören zu den Faktoren, die über Erfolg oder Misserfolg einer Suche entscheiden können. Daher müssen wir unseren jungen Hund bei der Einarbeitung möglichst auf alle Situationen, mit denen er später konfrontiert werden kann, vorbereiten.

< Irgendwann kommt in jeder Hundeausbildung der Punkt, an dem es nicht so recht weitergeht.

Einfluss des Wetters

Trockenheit ist eine häufige Ursache weshalb unser Hund eine Fährte nicht voranbringt. Dies liegt jedoch nicht daran, dass seine Nasenschleimhaut austrocknet, wie häufig behauptet wird. Die Riechschleimhaut ist so aufgebaut, dass sie niemals vollständig austrocknen kann (vgl. Kapitel »Nasenleistung des Hundes«). Vielmehr atmet der Hund bei Trockenheit viel Staub ein, der sich auf der feuchten Riechschleimhaut festsetzt. Im Frühjahr und Sommer kommen Pollen hinzu. Wenn sich zu viel Staub und Pollen in der Nase absetzen und der Hund diese nicht mehr durch die Atemluft oder durch Niesen kurzfristig entfernen kann, so können die Geruchsmoleküle der Wundfährte nicht bis an die Riechschleimhaut vordringen. Sie lagern sich in der Nase auf einer Staub- und Pollenschicht ab. Der Hund nimmt die feinen Geruchsunterschiede, auf die er bei einer Nachsuche angewiesen ist, nicht mehr wahr. Eine längere Pause kann Abhilfe verschaffen. In dieser Zeit hat der Hund die Möglichkeit, die Nase durch Niesen, durch die normale Atmung und durch auslaufende Nasenflüssigkeit zu reinigen.

Ein weiterer Grund, weshalb Trockenheit die Nasenleistung des Hundes beeinflusst, ist das schnelle Austrocknen von Pirschzeichen. Gerüche entstehen nur dann, wenn Moleküle an die Luft abgegeben werden. Flüssige oder feste Stoffe müssen also in einem gewissen Maße in den gasförmigen Zustand übergehen, damit sie riechbar werden. Dies ist z. B. der Fall, wenn das in einem Tropfen Schweiß enthaltene Wasser verdunstet oder wenn Gewebeteile zersetzt werden, wobei ein bakterieller Stoffwechselvorgang abläuft. Bei großer Trockenheit bildet sich mit fortschreitender Verdunstung des Wassers, das sich in dem organischen Material befindet, eine Kruste. Wenn diese ausreichend dick ist, können Geruchsmoleküle nicht mehr nach außen an die Luft dringen.

Sie können dieses Phänomen einfach überprüfen: Geben Sie einen Tropfen Schweiß auf ein Blatt und legen Sie es im Hochsommer mehrere Stunden in die Sonne (oder im Winter auf die Heizung). Halten Sie Ihrem Hund dann das Blatt mit dem gut sichtbaren Schweißtropfen hin. Ihr Hund wird das Blatt aufmerksam bewinden, weil er alles bewindet, was Sie ihm präsentieren. Er wird jedoch keine besondere Emotion zeigen, wie dies sonst bei Wildgeruch der Fall ist. Wenn Sie den Schweiß jetzt mit etwas Wasser anfeuchten und damit die Kruste auflösen, ist der Schweiß für den Hund sofort wieder riechbar.

Hitze und Trockenheit hängen eng zusammen. Hohe Temperaturen fördern sowohl die Staubbildung als auch das Austrocknen von Pirschzeichen. Hitze sorgt auch dafür, dass die Körpertemperatur des Hundes schnell steigt. Da der Hund sich praktisch nur über Hecheln kühlen kann, atmet er nicht mehr konzentriert durch die Nase, sondern durch den offenen Fang. Dadurch werden weniger Geruchsstoffe an die Riechzellen geleitet. Zudem führt Hitze zu einer schnelleren Erschöpfung des Hundes. Daher ist es wichtig, dass unser Hund körperlich topfit ist. Um den Hund auf Nachsuchen bei hohen Temperaturen vorzubereiten, müssen wir seine Kondition und Kraft auch im Sommer trainieren (vgl. Kapitel »Körperliche Fitness für Jäger und Hund«).

Bei der Nässe unterscheiden wir zwei verschiedene Formen, den Regen und den Tau. Ein leichter Nieselregen, der auf die Fährte fällt, unterstützt die Nachsuche. Zwar sehen wir in den meisten Fällen keinen Schweiß mehr, weil er von Pflanzen abgespült und stark verflüssigt wurde. Der Regen vergrößert

Trotz herbstlichem Regenwetter konnte der Hund die Übernachtfährte sicher arbeiten, und der Frischling kam zur Strecke.

jedoch die Oberfläche des Schweißes und schließt die Moleküle auf. Damit ist er für die Hundenase besonders gut riechbar. Selbst starker Regen hat erstaunlicherweise kaum negative Folgen auf die Suche des Hundes. Ich habe es selber schon mehrfach erlebt, dass über Nacht mehr als 20 Liter Regen pro Quadratmeter gefallen sind. Trotzdem konnten die Hunde danach die Krankfährten problemlos arbeiten. Dies zeigt, dass unsere Hunde Gerüche auch dann noch wahrnehmen können, wenn diese durch Regen stark verdünnt und in den Boden eingespült wurden.

Tau und auch Regentropfen, die an der Vegetation hängen, beeinflussen die Arbeit des Hundes sehr wohl. Der Hund nimmt beim intensiven Atmen durch die Nase zwangsläufig die feinen Tropfen mit auf.

Wie uns Menschen stört auch den Hund Wasser in der Nase. Er niest und schüttelt sich, um das Wasser loszuwerden. Zum einen wird der Hund dadurch unkonzentriert, weil er mehr mit dem Entfernen des Wassers zu kämpfen hat als mit dem Halten der Fährte; zum anderen wirkt sich der Wasserfilm in der Nase negativ auf das Riechvermögen aus. Wir können diesem Problem ganz einfach entgegenwirken, indem wir mit dem Beginn der Suche noch ein oder zwei Stunden warten, bis die Vegetation abgetrocknet ist. Die etwas längere Stehzeit der Fährte wird die Leistung des Hundes nicht beeinflussen.

Von Frost spricht man, wenn die Lufttemperatur unter 0°C sinkt. Bei leichtem Frost (bis -5°C) wird die Nasenleistung des Hundes nicht beeinträchtigt. Ich habe mittags bei Plusgraden Übungsfährten gelegt und sie am nächsten Morgen bei Minustemperaturen arbeiten lassen. Weder auf mit dem Fährtenschuh getretenen Fährten noch auf klassischen Schweißfährten hatten die Hunde dabei Probleme. Auch in der Nachsuchenpraxis haben die Hunde bei Temperaturen kurz unter dem Gefrierpunkt sicher gearbeitet. Der Grund hierfür liegt in der Physik, genau gesagt im Energieerhaltungssatz: Beim Gefriervorgang wird Kristallisationswärme (Erstarrungswärme) freigesetzt. Diese Wärmeenergie wird an die Umgebung abgegeben. Als Folge davon bleiben die Bestandteile der Wundfährte trotz Frost viele Stunden in einem Zustand erhalten, in dem Geruchsmoleküle an die Luft abgegeben werden können.

Das Phänomen der Kristallisationswärme wird z. B. im Obstanbau genutzt: Bei Frostgefahr werden die Bäume mit Wasser beregnet, das gefriert. Dadurch, dass Kristallisationswärme an die direkte Umgebung – die Blüten und Zweige – abgegeben wird, werden diese Pflanzenteile vor dem Frost geschützt.

Je niedriger die Temperaturen fallen, desto schwieriger wird die Fährtenarbeit. Bei starkem Frost (-10°C und darunter) ist die Kristallisationswärme schnell verbraucht. Dann bilden sich in den Bestandteilen der Wundfährte Eiskristalle, die sich an die anderen Moleküle anheften und zusammen eine feste Einheit mit geschlossener Oberfläche bilden. Durch diese können Geruchsmoleküle nicht mehr entweichen. Außerdem bilden sich bei sehr niedrigen Temperaturen beim Atmen in der Hundenase – genau wie in der Menschennase – Eiskristalle. Diese kribbeln und kitzeln und der Hund versucht, sie durch Niesen und Kopfschütteln zu entfernen. Das wirkt sich negativ auf die Konzentration aus. Wir können in diesem Fall die Nase unseres Hundes mit beiden Händen umschließen und somit aufwärmen. Allerdings hilft das nur für wenige Minuten. Nachsuchen bei starkem Frost sind immer sehr schwierig.

Beim Schnee müssen wir die wichtigsten Erscheinungsformen einzeln analysieren, da ihre Auswirkung auf die Nachsuchenarbeit sehr unterschiedlich ist. Als erstes wollen wir frisch gefallenen Schnee, den Neuschnee, betrachten: Die Eiskristalle, die die Flocken bilden, weisen deutliche Zacken auf und sind locker miteinander verhakt. Durch diese Form und Anordnung der Kristalle bilden sich zahlreiche Hohlräume, durch die Luft vom Boden nach oben steigen kann. Mit dieser Luft werden auch Geruchsmoleküle aus der Wundfährte an die Oberfläche transportiert. Selbst wenn so viel Neuschnee gefallen ist, dass eine mehrere Zentimeter hohe, geschlossene Schneedecke liegt, können Hunde eine Krankfährte noch arbeiten.

Durch den Druck der Schneedecke, Wind und Temperaturschwankungen verändert sich die Form der Kristalle. Ihre Verzweigungen lösen sich auf und ihre

Form wird runder. Dieser Vorgang der Schneeumwandlung heißt »abbauende Metamorphose«. Der Schnee wird zunächst als filziger Schnee bezeichnet und wandelt sich weiter zum rundkörnigen Schnee. Seine Dichte ist um ein Vielfaches höher als die des Neuschnees. Dies bedeutet, dass weniger Hohlräume vorhanden sind, durch die Gerüche vom Boden an die Oberfläche gelangen können. Da die Umwandlung vom Neuschnee in filzigen Schnee sofort beginnt, sobald die Schneeflocken gefallen sind, muss diese Veränderung des Schnees bei einer mehrstündigen Stehzeit der Wundfährte beachtet werden.

Die »aufbauende Metamorphose« hat hingegen keine Relevanz für die Nachsuche. Die aufbauende Metamorphose wandelt Altschnee in Schwimmschnee um. Sie setzt erst ein, wenn der Schnee schon längere Zeit liegt. Wir beginnen mit einer Nachsuche jedoch ein paar Stunden nach dem Schuss und nicht erst nach mehreren Tagen. Zudem findet die aufbauende Metamorphose in tiefer liegenden Schneeschichten statt. Als Schneedecke bleibt die feste, geschlossene Altschneeschicht erhalten und Gerüche bleiben unter ihr verborgen.

Eine leichte Schneedecke und Temperaturen kurz unter dem Gefrierpunkt beeinträchtigen die Nasenleistung des Hundes nicht.

Die Oberfläche der Schneedecke taut durch Sonneneinstrahlung häufig an. Bei einer anschließenden Abkühlung – meistens nachts – friert die Oberfläche zu Harsch. Hierbei handelt es sich um eine Eiskruste, die so dicht sein kann, dass kein Geruch vom Boden oder aus tiefer liegenden Schneeschichten an die Oberfläche gelangt. Es ist durchaus möglich, dass wir zwar unter der Eisschicht auf dem Schnee den roten Schweiß sehen können, der Hund die Fährte aber mangels Geruch nicht voranbringt.

Nassschnee wird Schnee genannt, wenn er einen hohen Anteil an flüssigem Wasser enthält. Dies kann der Fall sein, wenn Schnee bei Temperaturen kurz über Null Grad neu fällt oder wenn eine Schneedecke durch alle Schichten hindurch taut. Obwohl Nassschnee eine hohe Dichte hat und sehr klebrig ist, stellt er für die Hundenase kein Problem dar. Die frostfreie Temperatur begünstigt die Entstehung von Gerüchen aus der Wundfährte und der hohe Wassergehalt sorgt dafür, dass Pirschzeichen, die ebenfalls viel Wasser enthalten (Schweiß, Organteile), zerfließen und ihre Oberfläche vergrößern.

Wind kann die Suchleistung des Hundes in zweierlei Hinsicht beeinflussen: Bei Hitze und Trockenheit beschleunigt der Wind das Austrocknen von Pirschzeichen, so dass diese schlussendlich keinen Geruch mehr abgeben.

Vor allem in Laubwäldern können Pirschzeichen durch starken Wind vollkommen verweht werden, wenn z. B. ein Tropfen Schweiß auf ein Blatt gefallen ist. In dieser Situation muss sich der Hund an anderen Bestandteilen der Wundwitterung des Wildes orientieren (vgl. Kapitel »Entstehung und Zusammensetzung der Krankfährte«). Wieder ein Grund mehr, den Hund nicht nur mit Schweiß,

sondern mit dem Fährtenschuh einzuarbeiten, um ihn auf solch eine Suche vorzubereiten.

Einfluss der Vegetation

Zur Vegetation gehören nicht nur Pflanzen, die von Natur aus in einem bestimmten Gebiet vorkommen, sondern auch die Pflanzen, die dort durch menschlichen Einfluss wachsen, also auch Kulturpflanzen im Ackerbau. In Getreide-, Mais- und Rapsschlägen ist die Arbeit für den Hund besonders anstrengend. Die natürliche Bodenvegetation wurde mittels Herbiziden bestmöglich totgespritzt. Dadurch trocknet die Erde schnell aus, so dass die oben genannten Erschwernisse der Trockenheit die Nachsuche beeinflussen. Während der Blütezeit der Kulturpflanzen ist die Pollenbelastung für die Hundenase sehr hoch, weil extrem viele Pflanzen gleichzeitig blühen. Sind Raps und Mais ausgewachsen, steht in diesen Feldern die Luft. Nach einem sommerlichen Gewitterregen bildet sich ein tropisches Klima mit Hitze und hoher Luftfeuchtigkeit, das sowohl dem Hund als auch seinem Führer zu schaffen macht. Dagegen hilft nur die körperliche Fitness von beiden (vgl. Kapitel »Körperliche Fitness für Jäger und Hund«). Einen Vorteil haben Getreide, Mais und Raps allerdings: Dadurch, dass die Pflanzen hoch und dicht stehen, streift das Wild viel Witterung und Schweiß ab.

Die schwierigste Vegetation vermutet man zunächst gar nicht als solche: kurz gemähte Wiesen. An den Pflanzen bleibt so gut wie keine Witterung hängen, weil sie vom Wild kaum berührt werden. Wundwitterung und Pirschzeichen, die sich auf dem Boden befinden, sind Sonne und Wind schutzlos ausgeliefert und verlieren dadurch schnell ihren Geruch. In der Praxis ist es sinnvoller, den Hund nicht direkt am Anschuss auf der Wiese anzusetzen, sondern stattdessen den Einwechsel des Wildes in »hundefreundlichere« Vegetation wie den Wald oder ein (noch nicht abgeerntetes) Feld zu suchen.

Natürliche Vegetation stellt für die Nasenleistung des Hundes kaum ein Problem dar. Eine Ausnahme bilden Magergras und Heide auf nährstoffarmen Böden, die einer kurz gemähten Wiese ähneln. Es gibt jedoch natürliche Vegetation, die den Hund körperlich ausbremst. Brennnesseln, Brombeeren und Schilf gehören am häufigsten dazu. Diese Pflanzen sind dem Hund unangenehm und er meidet sie, wenn möglich. Es ist wichtig, bereits den Welpen spielerisch daran zu gewöhnen, diese Pflanzen trotz Brennhaaren, Dornen und scharfkantiger Blätter zu betreten. Besonders erfahrene Hunde versuchen dennoch, solche Dickungen zu umgehen. Sie haben gelernt, dass das Wild unter Umständen diese Flächen schon wieder verlassen hat und eine Quälerei in solch einer Vegetation nicht unbedingt vonnöten ist. Die Hunde umschlagen daher diese Pflanzen selbständig und suchen von sich aus nach dem Auswechsel des Wildes. Erst, wenn sie keinen Auswechsel finden, nehmen sie die unangenehme Vegetation an.

Einfluss des Bodens

Je weniger Pflanzen am Boden wachsen und je stärker die Bodenoberfläche verdichtet ist, desto schwerer hat es der Hund. Fehlender Bewuchs fördert die schnelle Austrocknung des Bodens und damit auch die Austrocknung von Geruchsträgern, aus denen sich die Wundfährte zusammensetzt. Eine besondere Schwierigkeit stellen stark verdichtete oder sogar befestigte Böden dar. Wenn ein Stück Wild in der trockenen Maschinenspur durch ein Weizenfeld zieht, hinterlässt es keinerlei Bodenverwundung. Geruchsstoffe haften nur oberflächlich und sind dort den Einflüssen des Wetters ausgesetzt. Gleiches gilt für geschotterte Feldwege und asphaltierte Straßen. In der Einarbeitungszeit muss der Hund unbedingt lernen, auf verschiedenen Bodenoberflächen zu arbeiten.

Auch der Übergang von einer Bodenart auf eine andere muss geübt werden, z. B. vom Feld in den Wald oder von einer Wiese über eine Straße auf ein Feld. Die Gerüche entwickeln sich auf unterschiedlichen Böden anders, und der Hund muss lernen, sich von diesen Geruchsschwankungen nicht irritieren zu lassen.

Bedenken Sie, dass Ihr Hund nicht immer die gleiche gute Leistung erbringen kann. Gerät die Arbeit einmal ins Stocken oder kommt der Hund gar nicht mehr weiter, analysieren Sie zuerst die äußeren Einflüsse und suchen Sie die Schuld nicht beim Hund.

Je stärker der Boden verdichtet wurde und je weniger Bodenbewuchs vorhanden ist, desto weniger Gerüche bleiben am Boden haften ...

... Dafür streift das Wild an den dicht stehenden Ackerpflanzen häufig Schweiß ab.

Desinteresse des Hundes

Irgendwann setzen wir unseren jungen Hund wieder einmal an einer Übungsfährte an. Die ersten zwanzig Meter arbeitet er motiviert und konzentriert, so wie wir es von ihm kennen. Dann bleibt er plötzlich stehen und schaut uns fragend an. Wir untersuchen interessiert den weiteren Verlauf der Fährte und versuchen damit, den Hund zu motivieren; wir setzen den Hund erneut am Anschuss an; wir führen den Hund zum ersten Wundbett und setzen ihn dort an – keine Chance, unser Hund verweigert die Arbeit! Die Gründe dafür können sehr vielfältig sein. Der Hund ist jedoch niemals »Schuld« in dem Sinne, dass er faul und stur ist. Vielmehr handelt es sich um eine Reaktion des Hundes auf irgendetwas. Was das ist, müssen wir herausfinden, wenn wir das Problem lösen wollen.

Gesundheitliche Gründe

Hunde haben – genau wie wir Menschen – manchmal schlechte Tage, an denen sie aus gesundheitlichen Gründen eingeschränkt sind. Dabei kann es sich um Kleinigkeiten wie Kopfschmerzen oder Kreislaufprobleme handeln, die nach ein paar Stunden vorüber sind. Es können allerdings auch ernsthafte Erkrankungen vorliegen. Letztere sind leicht zu erkennen, weil der Hund deutliche Signale zeigt: Apathisches Verhalten, starker Durst, extremes Hecheln, Appetitlosigkeit, hohes Schlafbedürfnis, andauernder Durchfall, mehrfaches Erbrechen usw. sind deutliche Anzeichen, dass es dem Hund nicht gut geht. Mit solch einem Hund beginnen wir erst gar keine Fährtenarbeit, dieser Hund gehört zum Tierarzt und nicht ins Revier! Die leichten Unpässlichkeiten hingegen, sind weitaus schwieriger zu diagnostizieren. Vermehrter Tränenfluss, Schiefhalten des Kopfes, Lichtempfindlichkeit und Geräuschempfindlichkeit sind Symptome, die uns nicht sofort auffallen. Haben wir den Verdacht, dass unser Hund aus kurzfristigen gesundheitlichen Gründen die Fährtenarbeit verweigert, legen wir für den nächsten Tag gleich eine neue Fährte und hoffen, dass die Arbeit dann wie gewohnt klappt.

Langeweile

So wie jede andere Beschäftigung kann dem Hund auch die Fährtenarbeit langweilig werden, wenn wir sie zu oft in der gleichen Art und Weise wiederholen. Versuchen Sie daher, die Fährten abwechslungsreich zu gestalten: Verwenden Sie auf unterschiedlichen Fährten unterschiedliche Wildarten; legen Sie die Fährten in verschiedenen Revierteilen mit anderer Vegetation; verwenden Sie mal etwas weniger, mal etwas mehr Schweiß; variieren Sie Fährtenlänge und Stehzeit. (Verringern Sie diese Größen zwischendurch auch einmal, obwohl Ihr Hund schon mehr kann.) Der Hund muss in jeder Fährte etwas Anderes finden, das sein Interesse aufs Neue weckt.

Zu häufiges Training kann ebenfalls ein Grund für Langeweile sein. Übertreiben Sie es mit der Anzahl der Fährten nicht! Um dem Welpen die zielgerichtete Nasenarbeit beizubringen, üben wir zwei Mal pro Woche. Für den Junghund legen wir nur noch ein Mal pro Woche eine Fährte. Hat unser Jagdhelfer verinnerlicht, worum es bei der Fährtenarbeit geht, reicht es, wenn wir ihn alle vierzehn Tage eine Fährte arbeiten lassen. So bleibt die Übungsfährte ein besonderes Highlight und verkommt nicht zum Alltag.

Fehlende Motivation

Ein Hund tut nichts, wenn er darin nicht einen Vorteil für sich sieht! Er kommt nicht zu uns ans Sofa und stupst uns an, weil er uns so schrecklich lieb hat – er tut dies, weil er gestreichelt werden möchte. Ein Hund läuft nicht dem Ball hinterher, weil uns Menschen das Ballspiel Freude macht – er tut dies, weil er einen Bewegungsdrang und Jagdtrieb hat , denen er nachgehen möchte. Wenn wir den Hund zu uns rufen, kommt er nicht, weil er uns einen Gefallen tun möchte – er tut dies, weil er eine Belohnung erwartet oder um Ärger zu vermeiden. Und genauso arbeitet der Hund eine Fährte nur dann, wenn für ihn am Ende etwas herausspringt, für das sich die Arbeit lohnt.

Damit Ihr Hund wieder lernt, dass die Fährtenarbeit einen positiven Abschluss beinhaltet, setzen Sie zunächst zwei bis drei Wochen aus. Legen Sie dann eine kurze Fährte, von der Sie ausgehen können, dass Ihr Hund die Arbeit zu Ende bringt. Bitte lesen Sie jetzt an dieser Stelle das Kapitel »Am Ende der Übungsfährte«, dort finden Sie Tipps für eine motivierende Belohnung.

Überforderung/Unterforderung

Die Übungsfährten müssen dem Leistungsstand unseres Hundes entsprechen. Ansonsten führt die Fährtenarbeit entweder zu Frustration oder zu Gleichgültigkeit. Die Überforderung hat besonders negative Folgen. Wenn unser Hund es mehrmals nicht schafft, eine Fährte bis zum Ende zu arbeiten, wird er seine Bemühungen dauerhaft einstellen. Er sieht keinen Sinn in der Arbeit, weil es für ihn keinen Erfolg gibt. In diesem Fall müssen wir die Fährtenarbeit für den Hund wieder interessant machen. Dafür pausieren wir zunächst für zwei bis drei Wochen. In dieser Zeit darf der Hund keinerlei Wildkontakt haben. Dann legen wir eine kurze Fährte mit kurzer Stehzeit und viel Schweiß, bei der wir sicher sind, dass unser Hund sie problemlos arbeiten kann. Nach der Phase der Abstinenz wird er die Fährte freudig annehmen. Am Ende gibt es eine ganz besondere

Belohnung, damit der Hund sich daran erinnert, dass eine gute Arbeit einen Sinn hat.

Eine Unterforderung erkennen wir daran, dass sich ein Hund, der bisher konzentriert gearbeitet hat, leicht ablenken lässt. Er folgt plötzlich Verleitungen, nimmt mit hoher Nase eine andere Witterung auf, interessiert sich für Vögel und Eichhörnchen usw. Hier Abhilfe zu schaffen, ist relativ einfach: Legen Sie mit einer Wildart, die Sie sonst eher selten verwenden, eine anspruchsvolle Fährte, bei der sich Ihr Hund wieder konzentrieren muss, wenn er die Belohnung am Ende haben möchte.

Um sowohl die Überforderung als auch die Unterforderung zu vermeiden, empfehle ich, einen detaillierten Ausbildungsplan zu erstellen und die Leistungen des Hundes zu protokollieren (vgl. Kapitel »Vor- und Nachbereitung von Übungsfährten«). Das ist ein gewisser bürokratischer Aufwand, aber so können wir die einzelnen Ausbildungsschritte bestmöglich aufeinander aufbauen und die nächste Fährte an die Stärken und Schwächen des Hundes anpassen.

Verunsicherung

Vor allem Welpen und Junghunde lassen sich schnell von Dingen beeindrucken, die in unseren Augen belanglos erscheinen. Beim Nasentier Hund sind das vor allem fremde Gerüche. Hat Ihr Hund die Schalenwildart, die er arbeiten soll, vorher kennen gelernt? Hierbei ist auch das Lebensalter des verwendeten Wildes entscheidend. Der Geruch eines rauschigen Keilers oder brunftigen Hirsches lässt den Hund instinktiv Respekt verspüren. Wenn Ihr Hund vorher nur Frischlinge und Kälber kennen gelernt hat, zögert er womöglich bei der Arbeit auf ausgewachsenes Wild. Um in diesem Fall Abhilfe zu schaffen, müssen Sie Ihrem Hund Wild jeden Alters zunächst spielerisch nahebringen (vgl. Kapitel »Gewöhnung an Wild«).

Jagen Sie in einem Wolf- oder Luchsgebiet? Vielleicht wurde die Fährte über Nacht von einer dieser Wildarten gefunden und verfolgt. Der Hund nimmt den Geruch des Raubwildes wahr und weiß instinktiv, dass diese Wildarten bei einer Konfrontation für ihn lebensgefährlich sind. Wenn Sie Zeichen finden, die auf die Anwesenheit von Großräubern hindeuten (Spuren, Losung usw.), meiden Sie diesen Revierteil für einige Tage oder legen Sie eine Ersatzfährte in größerer Entfernung.

Wenn der Hund bei der Fährtenarbeit die Witterung eines Wolfes wahrnimmt, ist seine Reaktion extrem: Er wird aus der Fährte regelrecht herausspringen, einige Meter weglaufen und sich dem Punkt der Witterung nicht mehr nähern wollen. Machen Sie in diesem Fall ein paar Minuten Pause, beruhigen Sie Ihren Hund und setzen Sie ihn dreißig Meter weiter erneut an. Mit ein bisschen Glück nimmt er die Arbeit wieder auf.

Hand aufs Herz: Haben Sie bei einer vorherigen schlechten Arbeit des Hundes die Nerven verloren und ihn bei der Fährtenarbeit bestraft? Manche Hunderassen reagieren sehr empfindlich auf eine harte Hand in der Ausbildung. Sie können so stark verunsichert werden, dass sie die Arbeit, bei der sie bestraft wurden, zukünftig völlig verweigern. In diesem Fall müssen Sie das Vertrauen neu aufbauen. Pausieren Sie zunächst drei bis vier Wochen mit der Fährtenarbeit, und seien Sie Ihrem Hund in dieser Zeit ein verlässlicher Rudelführer und guter Freund. Danach legen Sie eine kurze Fährte von nur zwanzig Metern Länge. Motivieren Sie Ihren Hund, diese

Der junge Schweißhund durfte die kurze Todesflucht des Knopfbocks arbeiten. Jetzt kennt er den Unterschied zwischen Kunstfährte und Naturfährte!

zwanzig Meter zu arbeiten. Notfalls müssen Sie sich auf alle Viere begeben und jeden Schritt mit ihm gemeinsam an der kurzen Leine gehen. Am Ende wartet dann eine ganz besondere Belohnung auf den Hund! Das freudige Erlebnis am Ende der Fährte muss die Verunsicherung und Einschüchterung, die der Hund erfahren hat, vergessen machen (vgl. Kapitel »Am Ende der Übungsfährte«).

Arbeit auf der Naturfährte

Es ist selbstverständlich, dass wir unseren Hund an die Praxis heranführen möchten. Daher lassen wir den Junghund bei Gelegenheit eine Nachsuche machen, bei der wir gesehen haben, wie das Wild nach kurzer Todesflucht verendet ist. Hierbei verfolgt der Hund eine Naturfährte und macht am Ende echte Beute. Solch ein Erlebnis prägt sich unserem Hund sein Leben lang positiv ein. Nach ein paar echten Nachsuchen erkennt der Hund jedoch den Unterschied zwischen Kunstfährte und Naturfährte. Der Hund entlarvt die Übungsfährte als »Fake« und sieht keine Veranlassung mehr, sie zu arbeiten. Um hier Abhilfe zu schaffen, halten Sie Ihren Hund drei Wochen lang von jedem Wild fern. Machen Sie Ihrem Hund in dieser Zeit auch sonst das Leben langweilig, es gibt kein Ballspiel und kein Spiel mit anderen Hunden. Danach wird Ihr Hund von der Übungsfährte begeistert sein – endlich hat er wieder Wildgeruch in der Nase und eine Beschäftigung, die Spaß macht.

Ausrüstung

Ausrüstung für den Hundeführer

ART UND UMFANG der Ausrüstung unterliegen selbstverständlich der persönlichen Einschätzung, dem individuellen Geschmack und letztendlich auch den finanziellen Verhältnissen des Hundeführers. Daher finden Sie hier keine fertige Einkaufsliste, sondern praktische Hinweise, worauf Sie bei der Wahl Ihrer Ausrüstung achten sollten.

Bekleidung

Um eine Nachsuche für uns selber so angenehm wie möglich zu gestalten, ist die richtige Kleidung sehr wichtig. Ins Schwitzen kommen wir bei einer längeren Nachsuche immer, egal ob im Sommer oder im Winter. Daher spielt die wärmende Funktion von Kleidung eine untergeordnete Rolle. Ganz wichtig – sowohl bei der Jacke als auch bei der Hose – ist, dass beide dornenfest sind.

< Widerstandsfähige Kleidung ist ein Muss, wenn es durch Dickungen geht.

Ein gutes Material für die Jacke ist dickes Cordura. Durch die Stärke der Faser und das Herstellungsverfahren lässt es Dornen nicht durchdringen und ist extrem reißfest. Außerdem bleibt es bei Suchen im Regen und in nassen Dickungen von außen wasserdicht. Softshell-Jacken lassen Zweige zwar wunderbar abgleiten, sie reißen in Dornengewächsen jedoch leicht kaputt. Mit Fleece-Jacken sammeln wir Unmengen von Nadeln und Kletten auf, was sie für die Nachsuche denkbar unpraktisch macht.

Wichtig ist, dass die Jacke genügend Taschen hat, um den »Kleinkram«, den wir bei einer Nachsuche benötigen, geordnet unterzubringen. Die Taschen müssen sicher verschließbar sein damit wir nichts verlieren. Reißverschlüsse sind deshalb besser als Druckknöpfe. Für unsere eigene Sicherheit wählen wir die Jacke in einer auffälligen Signalfarbe oder zumindest mit ausreichend großen signalfarbenen Besätzen.

Als Hose trage ich immer eine Sauenschutzhose, auch wenn kein Schwarzwild nachgesucht wird. Die Kevlarschichten in diesen Hosen halten nicht nur scharfe Keilerwaffen von unseren Beinen fern, sondern auch spitze Dornen.

Handschuhe gehören ebenfalls zur Basisausstattung. Wir tragen sie sowohl im Sommer als auch im Winter. Dicke Arbeitshandschuhe aus Leder sind zwar dornenfest, aber sehr grob. Um schnell zu repetieren und den Abzug gefühlvoll zu betätigen, sind sie ungeeignet. Die beste Erfahrung habe ich mit Handschuhen aus Strickmaterial und einer Latex-Beschichtung an der Handinnenseite und an den Fingern gemacht. Man kann sie in jedem Baumarkt oder im Internet kaufen.

Eine Kopfbedeckung ist bei einer Nachsuche ein Muss. Sie schützt unsere Augen vor Regen und unseren Kopf vor Zweigen, die wir nicht mehr rechtzeitig zur Seite biegen können. Hüte sind allerdings ungeeignet. Durch ihre Form bleiben wir zu leicht hängen, ständig wird uns der Hut vom Kopf gestreift. Basecaps oder Baschlikmützen sind praktischer. Basecaps haben den Vorteil, dass sie in Signalfarben erhältlich sind und wir uns dadurch im grünen Dschungel noch mehr von der Umgebung abheben. Die Helme von Forstarbeitern bieten nicht nur Schutz für den Kopf, sondern haben gleichzeitig noch ein Visier zum Schutz der Augen integriert. Sie sind allerdings sehr schwer, unbequem und sitzen ohne strammen Kinnriemen nicht fest genug.

In der Jackentasche haben wir immer eine Schutzbrille für die Augen dabei. Sie mögen darüber lächeln, aber es kommt relativ häufig vor, dass uns in einer Dickung ein Zweig, den wir übersehen haben, ins Auge sticht. Die Schutzbrille muss gut belüftet sein, damit sie nicht beschlägt.

Die Wahl der Schuhe ist abhängig von den aktuellen Wetterverhältnissen, den Revierverhältnissen und der nachzusuchenden Wildart. Wenn die Vegetation nass ist, ziehen wir selbstverständlich Gummistiefel an. Diese müssen ein bequemes Fußbett haben, weil wir jedes Jahr viele Kilometer darin marschieren. Schwarzwild und Rotwild nehmen gerne Suhlen und Wasser an oder ziehen in sumpfige Revierabschnitte. Bei der Nachsuche auf diese beiden Wildarten entscheiden wir uns immer für Gummistiefel. Wenn es die Wetter- und Revierverhältnisse erlauben, können wir bei Nachsuchen auf andere Wildarten im Sommer Wanderstiefel/Trekkingstiefel tragen. In ihnen schwitzen wir nicht so stark wie in Gummistiefeln und wir laufen bequemer. Die Wanderstiefel müssen einen hohen Schaft haben, der von der Hose bedeckt wird. Ansonsten fallen uns jede Menge Nadeln, trockenes Laub, Steinchen und kleine Zweige in die Schuhe und machen das Laufen unangenehm. Außerdem gibt der hohe Schaft unserem Fuß Stabilität, wir knicken damit viel seltener um. Grundsätzlich sollten wir immer beide Varianten im Auto haben, Wanderstiefel und Gummistiefel. In steilen und felsigen Regionen tragen wir das ganze Jahr über Bergstiefel.

Es empfiehlt sich, immer eine Tasche mit Wechselkleidung dabei zu haben (Hose, T-Shirt, Hemd, Socken, Schuhe). Nach einer erfolgreichen Nachsuche werden wir vom Schützen vielleicht noch auf ein Bier eingeladen. In diesem Fall setzt man sich nicht gerne in verschwitzter oder vom Regen durchnässter Kleidung an den Tisch. Gleiches gilt für Drückjagden, bei denen wir im Anschluss an die Nachsuchen meistens noch am Schüsseltreiben teilnehmen.

Bewaffnung

Die Repetierbüchse ist die wichtigste Waffe für einen Fangschuss. Mit ihr können wir auch auf größere Entfernung sicher treffen, und die Geschosse verfügen über genug Energie, um das Wild schnellstmöglich zu erlegen. Den Lauf unserer Waffe lassen wir je nach Kaliber auf 48 bis 52 Zentimeter kürzen. Mit einem Standardlauf ist die Waffe zu unhandlich, um sie in einer Dickung schnell vom Rücken zu nehmen und in Anschlag zu bringen. Die Laufmündung verschließen wir bei einer Nachsuche mit dünnem Klebeband (zum Beispiel Malerkrepp). So können keine Nadeln, Zweige oder andere Verschmutzungen in den Lauf eindringen. Das Klebeband beeinflusst die Treffpunktlage beim Fangschuss nicht. Es wird bereits durch den Druck der im Lauf komprimierten Luft zerrissen, bevor das Geschoss die Mündung erreicht.

Den vorderen Riemenbügel lassen wir vom Büchsenmacher möglichst nah an die Mündung versetzen. So tragen wir die Mündung auf Schulterhöhe und bleiben mit ihr im dichten Busch nicht an Zweigen und Ästen hängen. Manche speziellen Nachsuchenbüchsen sind mit seitlich angebrachten Riemenbügeln ausgestattet. Ein vorderer seitlicher Riemenbügel stört mich persönlich aber beim Visieren, weil der Gewehrriemen direkt neben dem Korn hochsteht. Dass sich ein hinterer seitlicher Riemenbügel auf den Tragekomfort positiv auswirkt, konnte ich in der Praxis nicht feststellen.

Da der vordere Riemenbügel an die Gewehrmündung versetzt wird, vergrößert sich der Abstand zwischen den Riemenbügeln. Damit muss der Gewehrriemen der Nachsuchenwaffe länger eingestellt werden als der einer Ansitzwaffe. Ich bin sehr groß und meine Gewehrriemen befinden sich ohnehin schon im letzten Loch. Da ich auf dem Markt keinen extra-langen Riemen gefunden habe, habe ich mir für meine Nachsuchenbüchse einen Riemen aus »Biothane« selber gebastelt. Ob die Waffe diagonal über den Rücken getragen wird oder ob man einen Rucksackgewehrriemen wählt, ist eher eine Geschmacksfrage als ein praktischer Vorteil.

Beim Kaliber der Nachsuchenbüchse haben sich langsame Kaliber mit schweren Geschossen bewährt. Hierzu gehören .308 Win., 8 x 57IS und 9,3 x 62. Als Geschosse kommen nur Deformationsgeschosse in Frage, bei denen Kern und Mantel miteinander verbunden sind. Leider haben wir beim Fangschuss nicht immer freies Schussfeld. Würde sich das

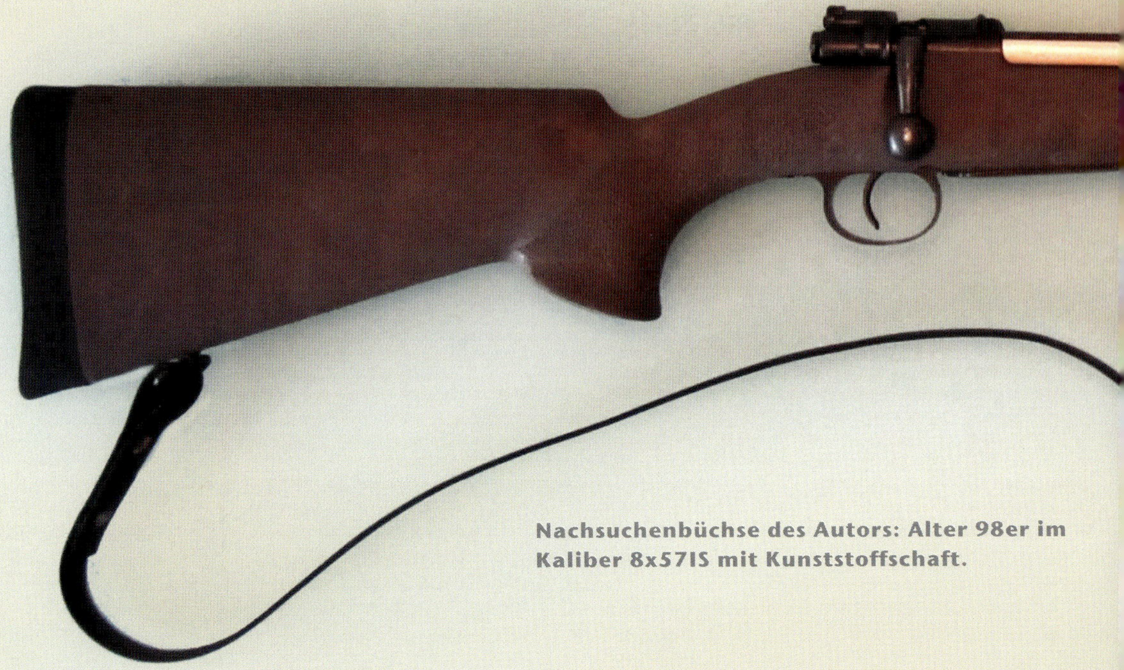

Nachsuchenbüchse des Autors: Alter 98er im Kaliber 8x57IS mit Kunststoffschaft.

Geschoss zerlegen, wenn es einen Zweig streift, wäre die Gefahr für den stellenden Hund sehr groß, weil Geschosssplitter von der direkten Flugbahn stark abweichen können. Interessant ist die zunehmende Verbreitung bleifreier Geschosse. Diese sind als Massivgeschosse konstruiert. Die kontrolliert aufpilzenden Fahnen halten sehr gut am Geschoss, so dass eine Gefährdung durch Splitter nahezu ausgeschlossen werden kann. Bei der Tötungswirkung des Fangschusses konnte ich keinen Unterschied zwischen bleifreien und den alten, bleihaltigen Konstruktionen feststellen.

Als Visierung kommt als erstes die offene Visierung in Betracht. Um Kimme und Korn schnell in eine Visierlinie bringen zu können, sollten sie farbig sein. Häufig werden hierfür im Handel großflächige Kimmen in besonders grellen Farbtönen angeboten. Diese überstrahlen allerdings leicht, so dass sich das Auge beim Zielen unbewusst mehr auf die Kimme als auf die Linie Kimme-Korn-Wild einstellt. Wenn wir als Korn ein Fiberglasstäbchen montieren, muss es mit einem Kornschutz ausgestattet sein. Ansonsten verbrauchen wir pro Jagdjahr mehrere Fiberglasstäbchen, weil diese in Dickungen an Äste anschlagen und zerbrechen.

Jäger, die aufgrund ihrer Augenleistung Schwierigkeiten haben, die Visierlinie über Kimme und Korn herzustellen, entscheiden sich für ein Drückjagdzielfernrohr als Zielhilfe. Hiermit können wir ohne Vergrößerung schießen und haben ein weites Sichtfeld, das unseren Hund und störende Zweige einschließt. Der Zielpunkt muss auch ohne

Batterie sichtbar sein. Selbst wenn eine Batterie zu Hause im Test noch funktioniert, kann sie im Einsatz bei Kälte versagen. Somit scheiden Leuchtpunktvisiere und Holosightvisiere für die Nachsuche aus. Ein Zielfernrohr stört bei einer Nachsuche weitaus weniger als oft behauptet wird. Es liegt während der Suche eng am Rücken an und bietet Zweigen somit kaum Angriffsfläche zum Verhaken.

Spezielle Nachsuchenwaffen werden inzwischen von mehreren Herstellern angeboten. Sie sind meistens teurer als technisch gleichwertige Ansitzwaffen. Natürlich kann jeder seine Nachsuchenbüchse frei wählen. Ob man aber mehrere Tausend Euro ausgeben muss, um eine robuste, funktionelle Waffe zu bekommen, sei dahingestellt. Ich persönlich führe eine Mauser 98 im Kaliber 8x57IS. Dabei handelt es sich um einen alten Dachbodenfund, die Waffe hat schon mindestens einen Krieg miterlebt. Die Büchse wurde aufgearbeitet und wie oben beschrieben dem Nachsucheneinsatz angepasst. Den alten, zerschundenen Holzschaft habe ich gegen einen Kunststoffschaft ausgetauscht. Ich bin mit dieser praxistauglichen Waffe voll zufrieden.

Auf den ersten Blick sind auch Vorderschaftrepetierflinten (Pump-Guns) für die Nachsuche gut geeignet. Sie locken vor allem mit einem günstigen Preis. Die aus ihnen verschossenen Flintenlaufgeschosse haben eine hohe Stoppwirkung, und ihre Präzision ist für Fangschussentfernungen vollkommen ausreichend. Leider sind Repetierflinten nicht so robust wie es scheint. Magazindeckel und Vorderschaft weisen Lücken auf, in die Nadeln und Schnee leicht eindringen können und dann den Repetiervorgang blockieren.

Eine Kurzwaffe bei der Nachsuche mitzuführen, ist kein Muss. Ich habe dennoch immer eine dabei. Allerdings kommt sie nur zum Einsatz, wenn ich so nah an das noch lebende Wild herankomme, dass ich einen aufgesetzten Kopfschuss anbringen kann. Der Kopfschuss lässt das Stück schlagartig verenden. Bei starken Trophäenträgern sollte man darauf allerdings verzichten, um sich beim Schützen nicht unbeliebt zu machen. Damit wir mit der Kurzwaffe einen gezielten Fangschuss auf Wild abgeben können, das gerade aus dem Wundbett aufgestanden ist und flüchtet, müssten wir extrem viel üben. Ich kenne keinen Jäger, der das beherrscht. Bei Schussentfernungen über fünf Meter und auf bewegliche Ziele greifen wir besser zur Büchse.

Ob man als Kurzwaffe einen Revolver oder eine Pistole führt, ist reine Geschmackssache. Zuverlässig sind beide. Entscheidend für die Geschossgeschwindigkeit und damit für die Geschossdeformierung und -eindringtiefe ist die Lauflänge. Diese muss sowohl bei Revolvern als auch bei Pistolen mindestens vier Zoll (102 Millimeter) betragen. Über sechs Zoll (152 Millimeter) werden die Waffen dann aber schon wieder zu unhandlich und zu schwer.

Die Kaliber .38 Special und 9 mm galten früher als zu schwach für den Fangschuss auf Hochwild. Heutzutage sind schnell expandierende Hohlspitzgeschosse erhältlich, mit denen man eine zufriedenstellende Wirkung erzielt. Weiterhin gibt es in den Kalibern .357 Magnum, .357 SIG, .40

Abfangmesser müssen eine Parierstange oder einen wirklich rutschsicheren Kunststoffgriff haben.

S&W und .45 ACP spezielle Fangschussmunition. Aber bedenken Sie: Je größer das Kaliber, desto schwerer ist die aufmunitionierte Waffe und desto mehr Gewicht müssen Sie bei der Nachsuche schleppen. Als Laborierung setzen wir bei der Kurzwaffe wie oben schon angedeutet weiche Teilmantelgeschosse oder besser noch Hohlspitzgeschosse ein. Diese verfügen zwar über eine geringe Tiefenwirkung, dafür sind die Energieabgabe

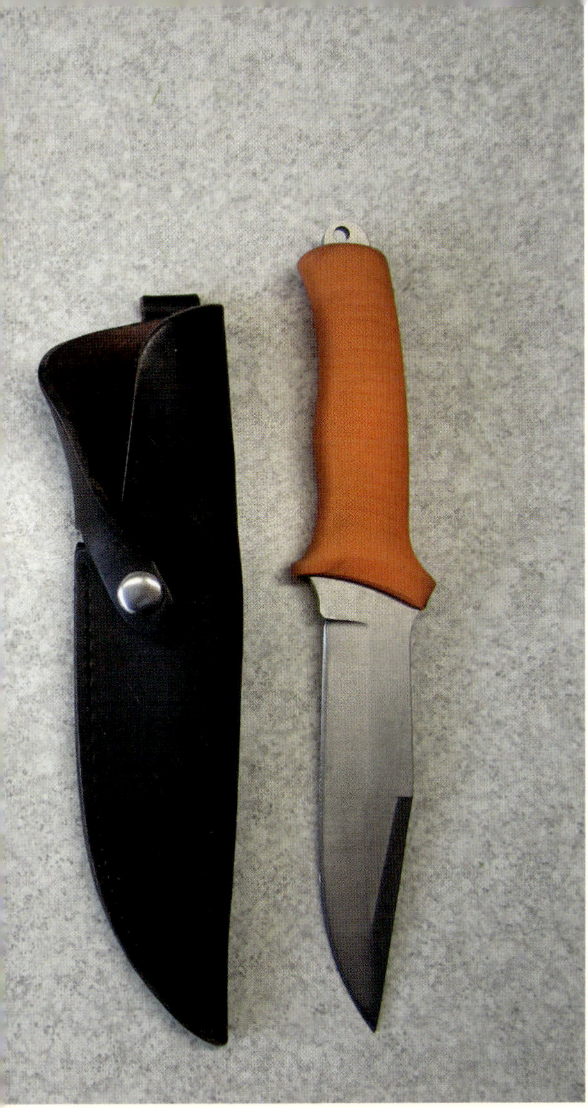

im Wildkörper und die Stoppwirkung besonders hoch. Es ist besser, wir zerreißen einer Sau mit einem Steckschuss einen halben Lungenflügel, als dass das Geschoss ohne merkliche Wirkung durch den Wildkörper hindurch pfeift und das Stück dann noch mal angriffslustig wird.

Viele Nachsuchenführer tragen ein Messer am Gürtel, mit dem sie einen Büffel abfangen könnten. Das Wild, das wir tatsächlich mit dem Messer abfangen, ist relativ gering. Das Messer kommt nur zum Einsatz, wenn der Hund ein Reh oder einen Frischling hält und daher ein Fangschuss unseren Hund gefährden würde. Ab der Größe eines Überläufers oder eines Rotkalbes kann der Hund das Wild nicht mehr halten, sondern nur noch stellen und wir haben genug Freiraum für einen Schuss. Es klingt zwar heldenhaft, wenn Jäger davon berichten, dass sie das Wild am Ende der Nachsuche mit der blanken Waffe abgefangen haben; wenn wir waidgerecht jagen, entscheiden wir uns jedoch wann immer möglich für den Einsatz der Schusswaffe, weil sie das Wild am schnellsten verenden lässt.

Die Klingenlänge ist mit vierzehn bis achtzehn Zentimetern ausreichend. Wichtig sind eine Parierstange oder ein wirklich rutschfester, gummierter Griff, damit wir beim Zustoßen nicht abgleiten und uns die Finger nicht verletzen.

Moderne Technik

Ein Handy hat heutzutage jeder in der Tasche. Mit ihm kann der Reviernachbar beim Überschreiten der Grenze verständigt werden, man kann den Jagdherrn über Erfolg oder Misserfolg einer Suche schnell informieren und es lassen sich Helfer zum Bergen von Wild heranrufen. Außerdem dient es dem Notruf, wenn wir uns in unwegsamem Gelände das Knie verdreht haben oder wenn wir den Tierarzt verständigen müssen, dass wir mit einem verletzten Hund auf dem Weg zu ihm sind. Ich schalte mein Handy während einer Suche immer lautlos, damit weder ich selber noch der Hund durch Klingeltöne abgelenkt werden. Um einen Anruf anzunehmen oder Nachrichten zu lesen, habe ich bei einer Nachsuche ohnehin keine Zeit.

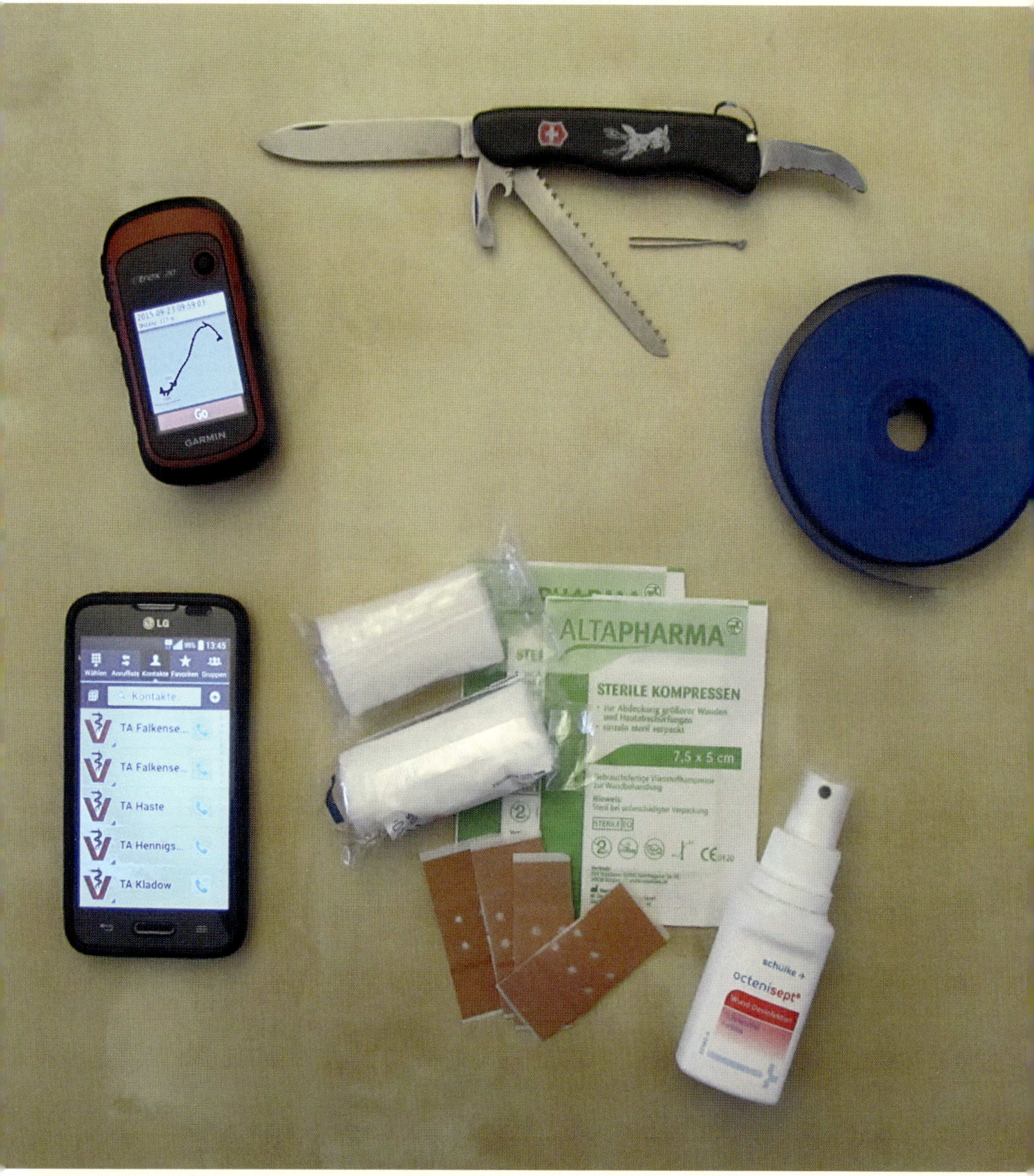

»**Kleinkram**« **für die Nachsuche: Outdoor-Tracker, Taschenmesser mit mehreren Werkzeugen, Markierungsband, Handy, Verbandsmaterial.**

Ein kleines Gerät, auf das ich nicht mehr verzichten möchte, ist ein Outdoor-Tracker. Nicht selten führt man eine Nachsuche alleine durch, weil Schütze und Jagdherr terminlich verhindert sind, oder weil die Begleiter sich als nicht geländetauglich erweisen und die Suche vorzeitig abbrechen. Dann steht man vor dem zur Strecke gekommenen Stück und um einen herum befindet sich nichts als fremder Wald. Hat man sich den Standort seines Fahrzeugs als Ausgangspunkt im Tracker markiert, stellt der Rückweg kein Problem dar. Bei vielen Modellen kann man sogar einstellen, ob man querfeldein oder bequemer über Wald- und Feldwege zurücklaufen möchte.

Es empfiehlt sich, einen Tracker zu kaufen, der sowohl GPS- als auch GLONASS-Signale empfangen kann (GPS = amerikanisches Ortungssystem; GLONASS = russisches System). Der kombinierte Tracker loggt sich schneller ein als ein reiner GPS-Tracker, und in abgelegenen Regionen funktioniert eines der beiden Systeme auf jeden Fall. Für Smartphones gibt es Apps, welche die Navigation übernehmen. Hier ist darauf zu achten, dass man eine App auswählt, die wirklich outdoor-geeignet ist und nicht nur eine reine Straßen- und Wegenavigation bietet. Außerdem sollte auch das Handy GPS- und GLONASS-kompatibel sein.

Weiteres Zubehör

Neben dem Abfangmesser habe ich noch ein Taschenmesser mit mehreren Werkzeugen dabei. Es dient zum Aufbrechen und zum Aufsägen des Schlosses oder man kann dem Hund mit der Pinzette einen Dorn entfernen.

Trotz Outdoor-Tracker gehört eine Rolle farbiges Markierungsband zur Ausstattung. Die Wegmarkierungen im Tracker sind zu ungenau, um wichtige Punkte in der Fährte wiederzufinden. Mit dem Band hingegen können wir exakt markieren. Man sollte es mit den bunten Bändern im Wald aber nicht übertreiben. Wir beschränken uns auf das Markieren von wirklich entscheidenden Dingen wie Anschuss, Wund- und Tropfbetten oder Schweiß in einer weitestgehend schweißfreien Fährte.

Es muss nicht immer der annehmende Keiler sein, der uns verletzt. Wir können uns beim Aufbrechen schneiden oder unser Hund läuft bei einer Hetze in einen spitzen Ast. Für diese Fälle haben wir ein Verbandspäckchen dabei. Es besteht aus einer kleinen Flasche Desinfektionsspray, ein paar sterilen Kompressen, zwei Mullbinden und einigen Pflastern in verschiedenen Größen. Einen ganzen Verbandskasten mitzunehmen, ist nicht nur unpraktisch, sondern auch übertrieben.

Erkundigen Sie sich vor Beginn der Nachsuche nach einem nahe gelegenen Tierarzt, falls Ihr Hund von wehrhaftem Wild geschlagen wird oder sich anderweitig verletzt. Ich selber habe die Notrufnummern und Adressen von mehreren Tierärzten aus meiner Region im Handy gespeichert. Bevor ich zu einer Nachsuche fahre, schaue ich mir im Internet an, welche Tierarztpraxis in der Nähe des Reviers liegt. So kann ich mich im Notfall, ohne Zeit zu verlieren, auf den Weg machen.

Ausrüstung für den Hund

Genau wie die Ausrüstung für den Jäger ist auch die Ausrüstung für den Hund sehr umfangreich und unterlag in den vergangenen Jahren großen Änderungen. Hier stehen sich traditionelles Jägertum und moderne Zweckmäßigkeit oft gegenüber.

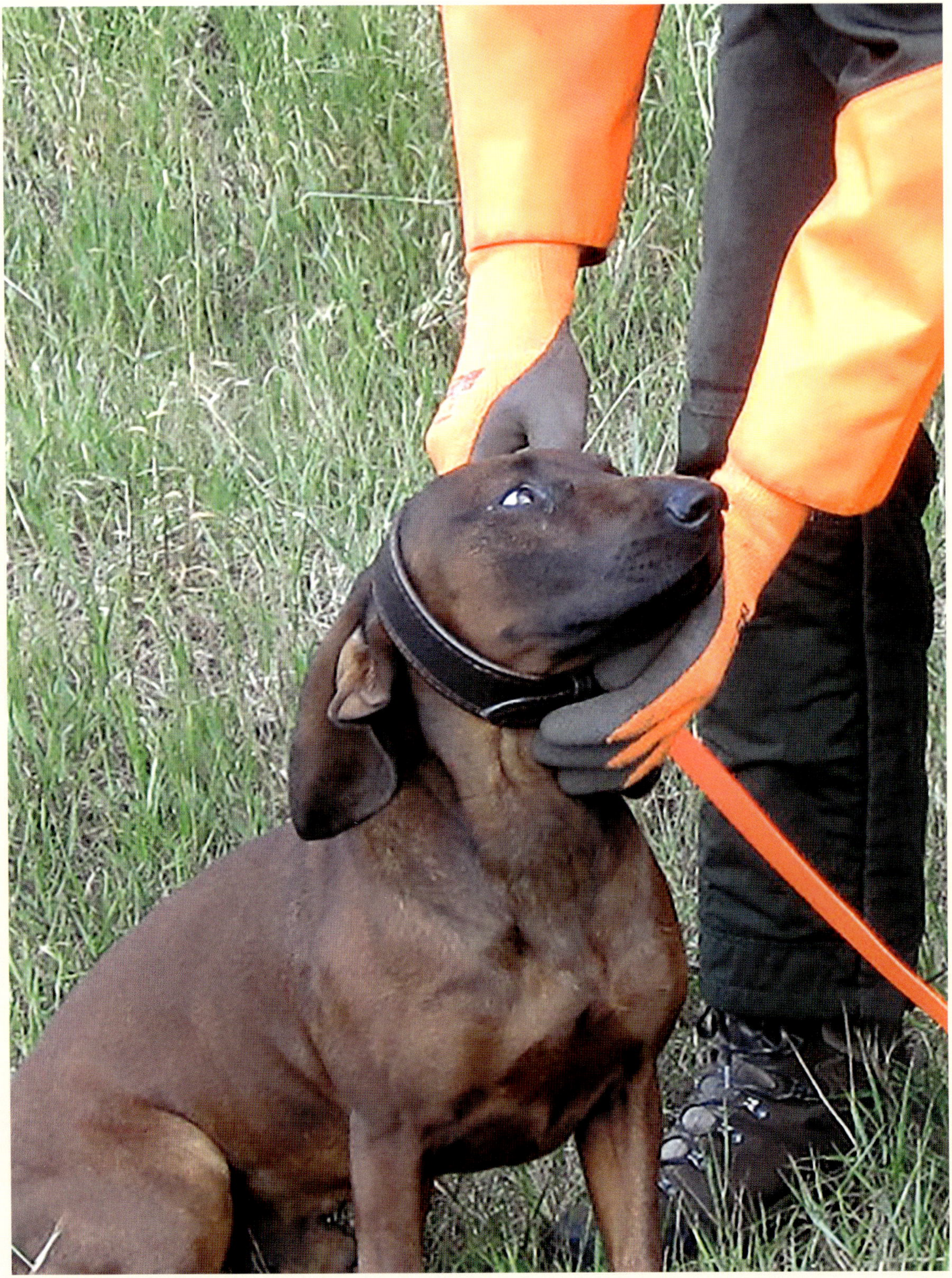

Schweißhalsung und Nachsuchengeschirr

Bei der Ausrüstung für den Nachsuchenhund denken wir zuerst an Schweißhalsung und Schweißriemen. Die Schweißhalsung soll breit und idealerweise gepolstert sein. Wenn der Schweißriemen hängen bleibt und der Hund in den Riemen läuft, wird der Druck auf den Hals gedämpft und großflächig verteilt. Die breite Schweißhalsung dient nicht dazu, einem Hund, der permanent stramm im Riemen liegt, das Atmen zu erleichtern! In diesem Fall ist in der Einarbeitung des jungen Hundes ein Fehler gemacht worden (vgl. Kapitel »Übungsfährten für Welpen und Junghunde«). Die Weite der Schweißhalsung wird so eingestellt, dass wir dem Hund die Halsung, ohne sie zu öffnen, über das Haupt streifen können. So ist es möglich, den Hund schnellstmöglich zu schnallen, wenn das Wild vor uns aus dem Wundbett aufsteht. Wenn wir den Schnallenverschluss der Halsung mit unseren Handschuhen oder mit kalten Fingern öffnen müssten, würden wir in dieser Situation zu viel Zeit verlieren. Außerdem kann sich der Hund aus der weiten Halsung selbst befreien, wenn er doch mal mit dem Riemen abgeht und sich dieser irgendwo verhängt. Obwohl der Schweißriemen keine Schlaufe hat, kann das durchaus vorkommen, zum Beispiel, wenn er sich während des Stellens mehrmals um einen Baum wickelt.

Es gibt auch Schweißhalsungen mit Schnellverschluss. Mit ihnen können wir den Hund ebenfalls rasch zur Hetze schnallen. Wählen wir die Länge der Halsung entsprechend dem Halsumfang, funktioniert die Selbstbefreiung jedoch nicht.

< Die Weite der Schweißhalsung stellen wir so ein, dass wir sie dem Hund ohne Öffnen über den Kopf streifen können.

Eine Alternative zur Schweißhalsung ist ein Nachsuchengeschirr (Brustgeschirr). Bei einer Hetze bleibt das Geschirr am Hund, der Hund wird mittels eines Karabiners vom Schweißriemen befreit. Das Geschirr muss am Körper anliegen, um ein Verfangen in Zweigen und Ästen auszuschließen. Geht der Hund mit dem Schweißriemen ab, kann er sich nicht selber aus dem Nachsuchengeschirr befreien, wenn der Riemen hängen bleibt.

Schweißriemen

Der Schweißriemen soll eine Länge von zehn bis zwölf Metern haben. Damit geben wir dem Hund die nötige Freiheit, um bei der Suche einen Bogen zu schlagen. Gleichzeitig behalten wir ihn unter Kontrolle, wenn er zu stürmisch vorangeht oder offensichtlich von der Fährte abweicht. Die Breite und damit das Gewicht des Riemens müssen wir dem Hund anpassen. Für einen kleinen Hund (z. B. Teckel) wählen wir eineinhalb Zentimeter, für einen mittelgroßen Hund (z. B. Bayerischer Gebirgsschweißhund) zwei Zentimeter und für einen großen Hund (z. B. Deutsch Drahthaar) zweieinhalb Zentimeter Breite.

Früher wurden Schweißhalsungen und -riemen immer aus Leder gefertigt. Die Traditionalisten halten auch weiterhin an diesem Material fest. Als natürliches Material sieht es auch gut aus und passt zur Jagd. Es braucht aber regelmäßige Pflege. Ist Leder nass geworden, muss es schonend trocknen und anschließend mit Ledercreme behandelt werden. Die meisten Leder-Schweißriemen werden heutzutage nicht mehr aus einem Stück gefertigt, sondern zusammengenäht. Die Nähte dehnen sich, wenn sie nass werden, und ziehen sich zusammen, wenn sie trocknen. Irgendwann gehen sie auf oder der Riemen reißt

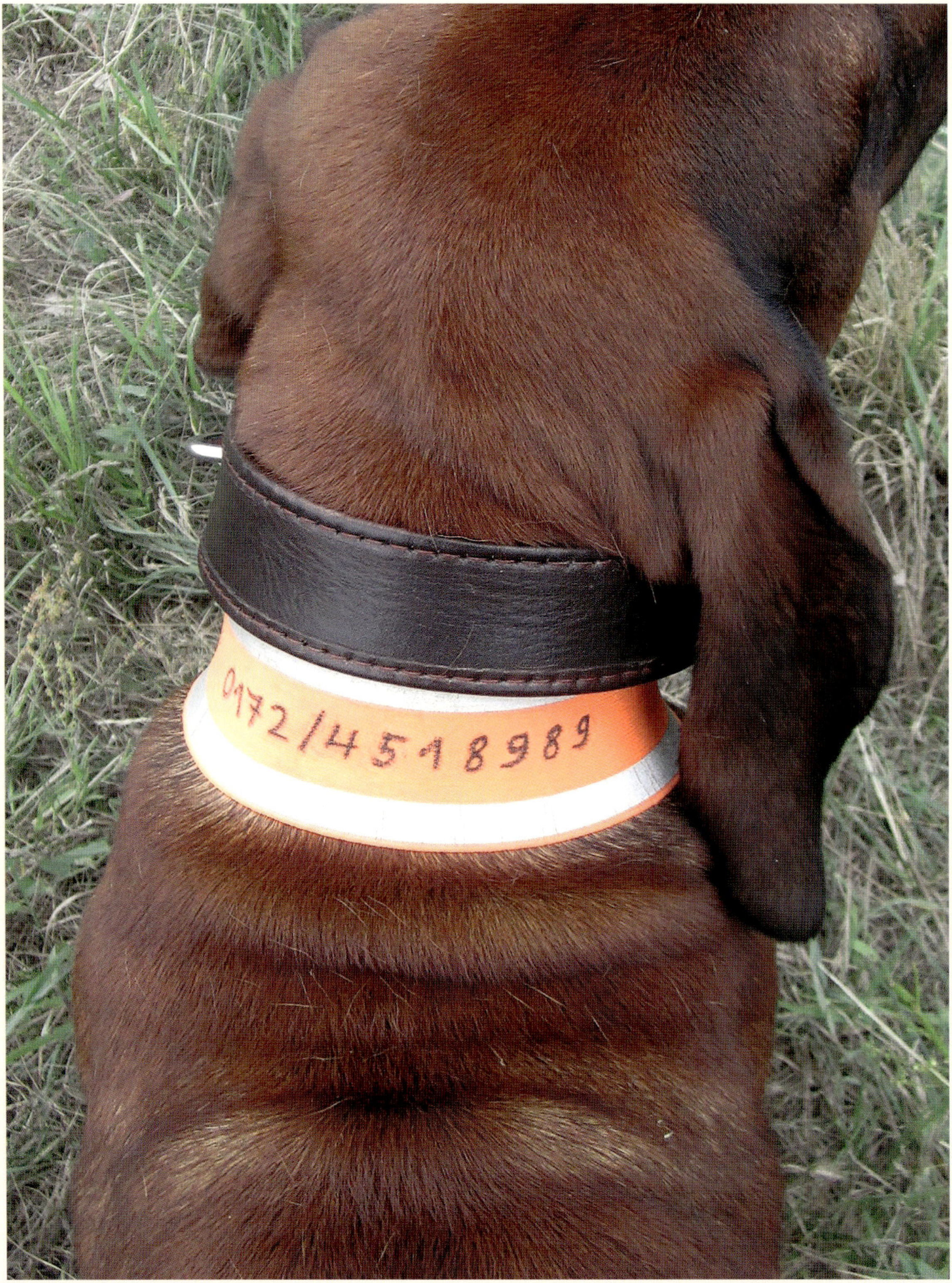
0172/4518989

an diesen Stellen. Moderne Kunststoffriemen – einfach geflochten oder geflochten mit gummierter Beschichtung – bieten viele Vorteile: Sie sind extrem reiß- und verschleißfest; wenn sie nass sind, können wir sie ohne besondere Pflege trocknen lassen; Schweißriemen mit Gummiummantelung ziehen wir einfach durch ein feuchtes Tuch, wenn sie schmutzig sind, und sie sehen aus wie neu; Kunststoffriemen gibt es in auffälligen Farben, so dass wir sie in der Dämmerung auf dem Waldboden leichter wiederfinden als einen braunen Lederriemen.

Ich empfehle Schweißriemen aus »Biothane«. Dieses Material ist griffig, pflegeleicht und sowohl in Signalfarben als auch in Naturtönen erhältlich. Dank Letzteren lassen sich traditionelle Optik und moderne Ansprüche miteinander kombinieren.

Signalhalsung und Signalweste

Die Signalhalsung dient dazu, dass wir unseren Hund bei einem Fangschuss im Astgewirr nicht übersehen. Außerdem werden Autofahrer früher auf den Hund aufmerksam, wenn er bei einer Hetze eine Straße überquert. Rechtlich ist es so, dass eine Signalhalsung Jagdhunde als solche kennzeichnen soll. Andere Jäger und Ordnungshüter dürfen sie dann nicht erschießen, wenn sie sehen, dass der Hund ein Stück Wild hetzt oder stellt. Immer mehr Jagdhunderassen werden jedoch als reine Familienhunde gehalten und tragen häufig auch reflektierende oder leuchtende Halsbänder. Somit ist die eindeutige Unterscheidung von im Einsatz stehenden Jagdgebrauchshunden und wildernden Hunden nicht immer möglich.

< Dank der Telefonnummer auf der »Kleidung« des Hundes können uns Personen, die den Hund nach einer Hetze finden, benachrichtigen.

Signalhalsbänder sind so konstruiert, dass sich der Hund aus ihnen befreien kann, wenn er sich bei einer Hetze damit an Zweigen verfängt. Dies bedeutet, dass wir uns nicht darauf verlassen können, dass unser Hund die auffällige Halsung noch trägt, wenn er eine Straße überquert oder wir den Fangschuss abgeben. Besser sind Signalwesten. Durch ihre große Fläche sind sie auffälliger als die Signalhalsung. Wenn die Weste eng am Körper des Hundes anliegt, ist ein Verfangen in einer Dickung praktisch ausgeschlossen.

Schweißriemen aus modernen Kunststoffen bieten in der Praxis viele Vorteile gegenüber Lederriemen.

Schutzweste

Schutzwesten mit Lagen aus stich- und schnittfestem Gewebe wurden ursprünglich für Stöberhunde entwickelt, die viel am wehrhaften Schwarzwild arbeiten. Sie schützen den Hund nicht nur vor Zähnen und Hauern aggressiver Wildschweine, sondern auch vor Dornen und spitzen Ästen. Die meisten Hersteller fertigen diese Schutzwesten nur auf Bestellung und in Maßarbeit an. Die Kosten liegen je nach Größe des Hundes und Ausstattung der Weste zwischen 200 und 400 Euro. Das ist ein stolzer Preis, den wir aber wieder eingespart haben, sobald durch die Schutzweste eine Operation beim Tierarzt vermieden wird.

Egal ob Signalhalsung, Signalweste oder Schutzweste – wir schreiben mit einem wasserfesten Stift unsere Telefonnummer gut sichtbar darauf. Sollte unser Hund bei einer Hetze doch einmal verloren gehen, können Personen, die ihn finden, uns umgehend informieren.

Hundeortung

Immer größere Verbreitung finden Ortungssysteme. Damit können wir am Ende einer Hetze dem stellenden Hund schnell zu Hilfe kommen, auch wenn die Entfernung zu groß ist, um den Standlaut zu hören. Für die Ortung gibt es verschiedene Varianten. Die älteste Technik ist die Telemetrie. Hierbei trägt der Hund den Sender im Halsband, der Jäger hat den Empfänger in Form einer Antenne bei sich. Die Richtung, in der sich der Hund befindet, wird dem Jäger über einen

< Schweißhund mit Stichschutzweste. Gute Sichtbarkeit und Schutz vor Verletzungen in einem.

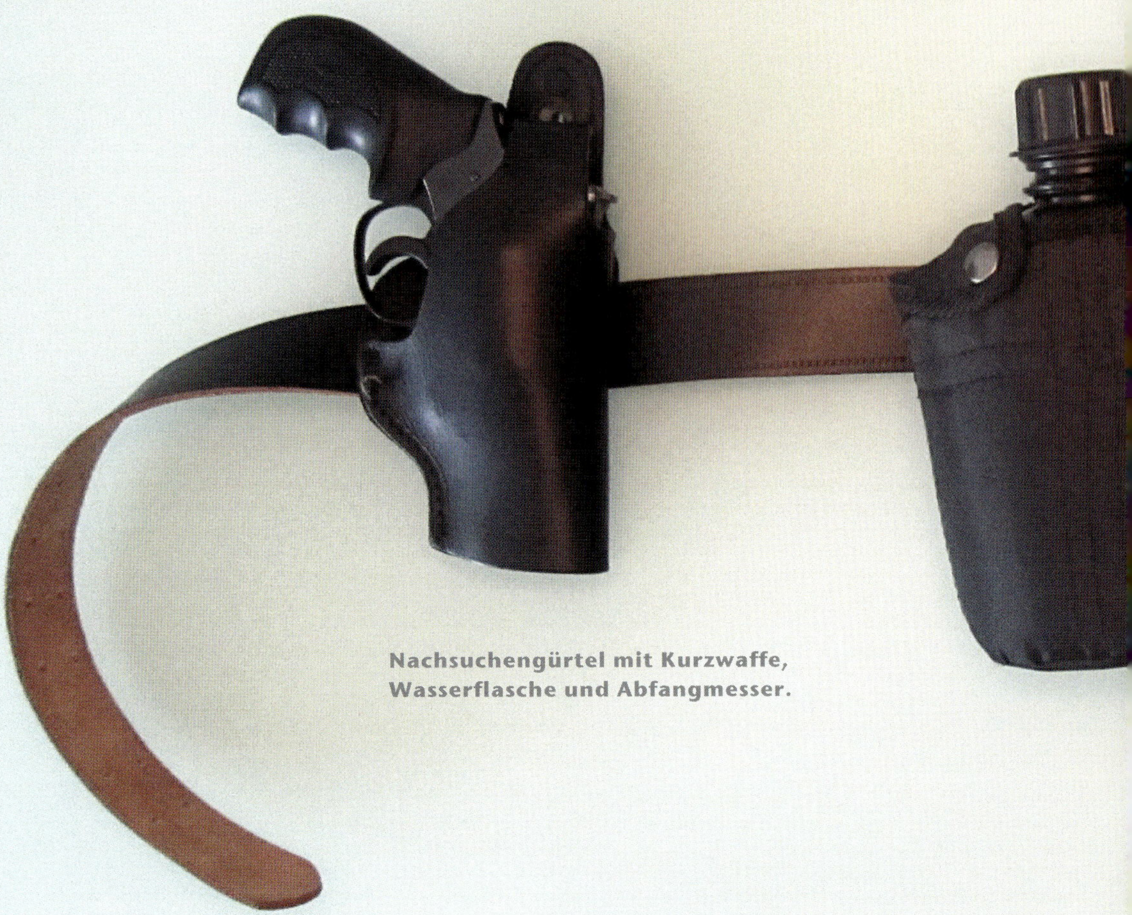

Nachsuchengürtel mit Kurzwaffe, Wasserflasche und Abfangmesser.

Signalton angezeigt. Man muss die Antenne zur Ortung immer wieder in verschiedene Richtungen schwenken, um die Stärke der verschiedenen Töne vergleichen zu können. Das erfordert ein wenig Übung. Die maximale Reichweite, die mit der Telemetrie unter jagdpraktischen Bedingungen erzielt werden kann, liegt bei circa einem Kilometer.

Eine weitere Möglichkeit der Ortung erfolgt über GPS-/GLONASS-Daten. Der Sender im Halsband des Hundes ermittelt die Standortdaten und sendet diese per Funk an das Empfangsgerät. Hier wird die Position des Hundes auf einer digitalen Karte angezeigt. Die Navigation zum Hund erfolgt über Richtungspfeile auf dem Display. Verschiedene Hersteller geben die Reichweite mit über zehn Kilometern an. Praktische Erfahrungen haben jedoch ergeben, dass im Wald eine maximale Reichweite von zwei Kilometern erzielt wird. In bergigem Gelände verringert sich die Reichweite noch einmal deutlich, wenn der Hund hinter einer Kuppe verschwindet und keine geradlinige Funkverbindung mehr vorhanden ist.

Eine zweite Methode zur Übertragung von GPS-/GLONASS-Daten ist die per SMS. Als Empfangsgerät dient unser Smartphone mit der entsprechenden

App. Da dieses System über das Mobilfunknetz arbeitet, gibt es keine Reichweitenbegrenzung. Allerdings benötigt der Hund Handyempfang, damit die SMS gesendet werden kann. Mit einer Vier-Netz-SIM-Karte im Halsband können alle großen Mobilfunknetze genutzt werden, eines davon wird mit Sicherheit funktionieren.

Die Anschaffungskosten für Ortungsgeräte liegen zwischen knapp 400 (Telemetrie) und knapp 800 Euro (GPS/GLONASS). Hinzu kommen noch Gebühren für die Bundesnetzagentur (Funk) und Nutzungsgebühren für den App-Provider und den Mobilfunkanbieter (SMS).

Wasser ist lebenswichtig

Bei all dem »neumodischen Schnickschnack« in der Hundeausrüstung dürfen wir das Wichtigste nicht vergessen: Wasser. Nicht nur im Sommer benötigt unser Hund nach oder während einer längeren Nachsuche Wasser. Die Nasenarbeit ist auch bei kühleren Temperaturen sehr anstrengend (vgl. Kapitel »Körperliche Fitness für Jäger und Hund«). Daher haben wir immer eine Flasche Wasser dabei. Der Hund kann das Wasser saufen oder wir können den Körper eines überhitzten Hundes damit äußerlich kühlen. Ich nutze als Wasserflasche eine Armee-Flasche, die ich am Nachsuchengürtel trage. Aus ihr kann auch der Hundeführer zwischendurch mal einen Schluck trinken.

Praktische Schweißarbeit

Körperliche Fitness für Jäger und Hund

NACHSUCHEN sind anstrengend. Sie sind kein Spaziergang über eine Wiese oder durch einen Hochwald. Krankes Wild geht grundsätzlich dahin, wo das Gelände unwegsam und die Vegetation dicht ist, weil es instinktiv seine Fressfeinde, die der Wundfährte folgen, abhängen will. Als Nachsuchenführer müssen wir uns je nach Region durch Bruchwald, über Windwurfflächen, durch Dickungen oder über Geröllfelder kämpfen. Die Suche findet dann vielleicht noch in hügeligem bis steilem Gelände statt und zwar sowohl bei sommerlichen Temperaturen als auch bei höheren Schneelagen. Eine gewisse körperliche Fitness muss daher vorhanden sein.

< Nachsuchen sind kein Spaziergang! Krankes Wild geht dahin, wo die Vegetation am dichtesten ist. In diese Dickung hatte sich ein junger Keiler eingeschoben.

Vor allem bei sommerlichen Temperaturen – und dazu noch im Mais, wo die Luft steht – sind Nachsuchen für Mensch und Hund sehr anstrengend.

Nun gibt es kein spezielles Training für Nachsuchenführer. Das Off-Trail-Laufen wäre wohl die beste körperliche Vorbereitung. Da wir Jäger aber zu Recht etwas gegen Querfeldein-Läufer haben, scheidet das Off-Trail-Laufen auch für uns selber aus. Man muss es als Nachsuchenführer in puncto Kraft und Kondition auch nicht mit einem Boxweltmeister aufnehmen können. Zwei oder drei Mal in der Woche Sport zu treiben, hat aber noch niemandem geschadet.

Dem Hund bereitet das Gelände weit weniger Probleme als dem Menschen. Er springt locker über Baumstämme und läuft in Dickungen unterhalb der Zweige. Der Hund kommt vor allem bei Hitze und Trockenheit an seine körperlichen Grenzen (vgl. Kapitel »Äußere Einflüsse auf die Leistung des Hundes«). Außerdem ist die konzentrierte und lange Nasenarbeit für den Hund sehr anstrengend. Die Körpertemperatur steigt dabei innerhalb von zehn Minuten um circa 2°C an. Der Hund überhitzt regelrecht und verliert viel Wasser. Am Ende der kilometerweiten Riemenarbeit folgt womöglich noch eine Hetze über mehrere Hundert Meter, die der Hund im Sprint zurücklegen muss. Nach der Hetze folgt das Stellen oder – abhängig von der Größe des Wildes und des Hundes – das Greifen und Halten. Da wir als Spezialisten

Das Training an der Reizangel ...

meistens für die schwierigen Aufgaben gerufen werden, ist solch ein Ablauf bei der Nachsuche gar nicht selten. Um unseren Hund körperlich darauf vorzubereiten, müssen wir seine Kraft, Schnelligkeit, Wendigkeit und Kondition gezielt trainieren. Wir beginnen damit jedoch nicht vor der zwanzigsten Lebenswoche, um körperlichen Schäden durch zu hohe Belastung vorzubeugen.

Die Reizangel (Bewegungsangel) ist ein ideales Hilfsmittel, um den jungen Hund ganzheitlich zu trainieren. Auch ausgewachsene Hunde spielen noch immer gerne mit ihr und können so bis ins hohe Alter fit gehalten werden. Die Reizangel besteht aus einem stabilen, circa zwei Meter langen Stock, an dessen Ende eine ebenfalls circa zwei Meter lange, starke Leine befestigt wird. An das freie Ende der Leine wird der Fetzen einer Decke/ Schwarte von einem Stück Schalenwild gebunden. Wir verwenden nur Schalenwild, weil der Hund später ausschließlich Schalenwild hetzen soll. Andere Wildarten muss er zwar kennenlernen (vgl. Kapitel »Gewöhnung an Wild«), er soll sie aber nicht als zu jagende Beute im Gehirn abspeichern. Läufe sind für die Reizangel nicht geeignet, weil bei der Bewegung der Reizangel hohe Geschwindigkeiten entstehen. Wenn knochige, harte Wildteile den Hund dabei aus

... macht auch ausgewachsenen Hunden noch Spaß.

Versehen treffen, ist das nicht nur schmerzhaft, sondern es kann sogar zu Verletzungen führen.

Lassen Sie Ihren Hund den Fetzen an der Reizangel zunächst kurz bewinden. Dann ziehen Sie die Decke/ Schwarte mit der Reizangel über den Boden. Da der Hund Wild schon als Beute kennengelernt hat, wird er begeistert hinterherlaufen. Durch schnelles Drehen im Kreis können Sie die Ausdauer des Hundes trainieren. Übertreiben Sie es dabei aber nicht! Wenn der Hund den Fetzen längere Zeit trotz Anstrengung nicht packen kann, wendet er sich frustriert ab. Lassen Sie den Hund also relativ schnell greifen und somit zum Jagderfolg kommen. Sie können das Tempo mit der Reizangel sehr variabel gestalten. Mit einem Zwischensprint fördern Sie die Schnelligkeit des Hundes. Ein plötzlicher Richtungswechsel trainiert die Reaktionsfähigkeit und Beweglichkeit. Sie werden staunen, wie schnell sich die körperliche Konstitution Ihres Hundes innerhalb weniger Wochen verbessert. Es wird nicht lange dauern und Ihr Hund ist in der Lage, den Fetzen zu packen, obwohl Sie dies gar nicht vorgesehen hatten!

Hat der Hund den Fetzen gegriffen, beginnen Sie ein Zerrspiel. Das stärkt die Kiefer- und Nackenmuskulatur. Auf Befehl muss Ihr Hund die Beute ausgeben. So üben wir den Gehorsam und festigen die Rangordnung im Rudel (vgl. Kapitel »Festlegung der Rangordnung«).

Die Arbeit an der Reizangel ist für den Hund sehr anstrengend. Fünf Minuten pro Tag sind daher anfangs genug. Trainiert wird zu unterschiedlichen Tageszeiten und bei jedem Wetter, um den Hund daran zu gewöhnen, unter verschiedenen Bedingungen körperliche Leistung zu erbringen.

Mit nicht-jagdlichem Spielzeug können wir unseren Hund trainieren, ohne entsetzte Blicke von Spaziergängern zu riskieren.

Im Stadtpark oder am Strand sollten wir möglichst kein Fell von einem toten Tier herumschleudern, das könnte zu unangenehmen Diskussionen mit verständnislosen Nicht-Jägern führen. Wenn wir unseren Hund trotzdem bei einem Spaziergang oder im Urlaub trainieren wollen, müssen wir auf nicht-jagdliches Hundespielzeug zurückgreifen. Mit einer Ballschleuder können wir Bälle sehr weit werfen und die Schnelligkeit trainieren.

Beim Fahrradfahren fördern wir die Kondition des Hundes. Das Laufen neben dem Fahrrad an der Leine muss allerdings geübt werden, bevor wir in den Straßenverkehr gehen. Wir müssen die Leine dabei locker in der Hand halten und dürfen sie auf keinen Fall um das Handgelenk wickeln. Ansonsten ist die Gefahr zu groß, dass unser Hund uns umreißt. Außerdem muss der Hund an der dem Verkehr abgewandten Seite (rechts) geführt werden. Das

Tempo wählen wir anfangs so, dass unser Hund im flotten Troll läuft. Bevor der Hund neben dem Fahrrad eine längere Strecke schnell galoppieren kann, müssen wir ihm schon eine gute Grundkondition antrainiert haben.

Für Zerrspiele ist ein geknotetes Kauseil bestens geeignet. Dieses kann man im Heimtierbedarf kaufen oder einfach selber herstellen. Wählen Sie das Kauseil nicht zu kurz, damit der Hund beim Nachfassen nicht aus Versehen Ihre Finger erwischt.

Bei dem Bestreben, einen kräftigen, ausdauernden Jagdhelfer zu bekommen dürfen wir den Hund nicht überfordern. Auch die Muskeln eines Hundes übersäuern bei Überbeanspruchung. Sobald wir Anzeichen von Erschöpfung unseres Hundes sehen, beenden wir das Training. Wenn unser Hund beim Training von Beginn an lustlos wirkt, setzen wir für ein paar Tage aus.

Entstehung und Zusammensetzung der Krankfährte

Nehmen wir an, wir beschießen auf der Morgenpirsch ein Rot-Schmaltier, das zusammen mit einem kleinen Rudel durch den Wald zieht. Das Schmaltier flüchtet nach dem Schuss zusammen mit dem Rudel. Vier Stunden später beginnen wir mit der Nachsuche. Auf dem Waldboden ist Folgendes passiert:

- Der Boden wurde durch das Gewicht und die Fluchtbewegung des Wildes mittels der Schalen verändert. An einigen Stellen ist der Boden verdichtet, an anderen aufgerissen. Gleichzeitig wurden Pflanzen, kleine Lebewesen und Mikroorganismen zerquetscht. Schon nach kurzer Zeit beginnt der Verwesungsprozess dieser zertretenen Pflanzen und Tiere und die entsprechenden Geruchsstoffe werden freigesetzt.
- Jedes Stück des Rudels hat über die Zwischenklauendrüsen und Laufdrüsen seine individuelle Witterung hinterlassen. Auch an Pflanzen abgestreifte Haare sorgen für Individualwitterung.
- Jedes Stück hat – ausgelöst durch den Schreck beim Schussknall – »Angstgerüche« ausgeschüttet. Hierbei handelt es sich um stresstypische Pheromone. Pheromone sind geruchliche Botenstoffe zur Informationsübertragung zwischen Lebewesen derselben Art. Der bekannteste stresstypische Botenstoff ist Adrenalin, das den Puls erhöht und in hoher Dosierung Panik auslöst. Das beschossene Stück hinterlässt aufgrund seiner Verletzung besonders viele Angstgerüche.
- Das beschossene Stück verliert eventuell Schweiß, Teile von inneren Organen, Magen- und Darminhalt etc. Diese Komponenten bezeichne ich im Folgenden als »Viszeralwitterung« (viszeral = zu den Eingeweiden gehörend, Viszera = Eingeweide).

Die Bodenverwundung, die ein krankes Stück verursacht, unterscheidet sich nicht von der Bodenverwundung gesunden Wildes, das im Schussknall flüchtet – gleiche Wildart und ähnliches Gewicht vorausgesetzt. Als alleinige Duftspur reicht die Bodenverwundung für eine Nachsuche also nicht aus. Die Bodenverwundung ist für den Hund jedoch wichtig, um die Richtung, in die ein Stück geflüchtet ist, zu erkennen. Durch die Schalen werden nämlich Bodenpartikel und ihre Gerüche von einem Abdruck in den nächsten transportiert. Im Schalenabdruck B liegen Geruchspartikel von Abdruck A. In Abdruck C liegen Geruchspartikel

von Abdruck A und B. Der Geruch von Abdruck D beinhaltet minimalste Gerüche von A, B und C usw.

Die Individualwitterung ist sehr gering und nimmt schnell ab. Nach vier bis sechs Stunden ist sie verflogen. Trotzdem darf uns dies nicht dazu veranlassen, möglichst schnell mit der Nachsuche zu beginnen! Andere Duftstoffe, die sich teilweise erst im Laufe mehrerer Stunden bilden und verstärken, sind für den Hund viel hilfreicher.

Gesundes Wild, das nach dem Schussknall geflüchtet ist, beruhigt sich schnell wieder. Die Ausschüttung von Stress-Pheromonen wird eingestellt und das Wild gibt keine Angstwitterung mehr ab. Bei einem verletzten Stück hält die Ausschüttung stresstypischer Stoffe hingegen permanent an. Das kranke Wild hat furchtbare Schmerzen, und es weiß instinktiv, dass seine Verletzung Räuber wie Wolf und Luchs anlocken wird. Diese besonders intensive und dauerhaft anhaltende Angstwitterung ist eine wichtige Geruchskomponente, an der sich unser Hund bei der Nachsuche orientiert.

Die Viszeralwitterung ist in größeren Mengen eine regelrechte Geruchsexplosion für die Hundenase. Vor allem bei feucht-warmem Wetter beginnt der Verwesungsprozess von organischen Substanzen sehr schnell und es entstehen besonders intensive Verwesungsgerüche. Ich behaupte, dass in jeder Wundfährte Viszeralwitterung vorhanden ist. Es ist einfach unmöglich, ein Tier mit einem Büchsenschuss zu verletzen, ohne dass dabei organische Substanz freigesetzt wird. Auch, wenn wir Menschen mit dem bloßen Auge keine Organteile (inklusive Schweiß als »flüssiges Organ«) sehen können, sind sie für die Hundenase dennoch vorhanden (vgl. Kapitel »Nasenleistung des Hundes«).

Die Fluchtfährte eines angeschweißten Stückes setzt sich zusammen aus der Bodenverwundung, der Individualwitterung, der Angstwitterung und der Viszeralwitterung. Die besonders intensive Angstwitterung und die Viszeralwitterung fasst man als Wundwitterung zusammen. Bodenverwundung, Individualwitterung und kurzzeitige Angstwitterung sind auch in der Fluchtfährte gesunden Wildes vorhanden. Die Wundwitterung ist jedoch das unverwechselbare Geruchsbild einer Krankfährte, das sich über viele Stunden und viele Kilometer von der Hundenase verfolgen lässt.

Beobachtungen des Schützen

Gleich am Anfang dieses Kapitels ein ganz wichtiger Tipp für jeden Nachsuchenführer: Verlassen Sie sich nicht allein auf die Beschreibung des Schützen! Ich habe diesbezüglich schon die kuriosesten Erlebnisse gehabt (vgl. Kapitel »Erlebnisse aus der Nachsuchenpraxis«). Nur in wenigen Fällen liegt der Schütze mit seinen Beobachtungen zum Verhalten des Wildes und Vermutungen über den Treffersitz richtig. Wir verlassen uns in erster Linie auf unseren eigenen Eindruck, den wir am Ausschuss und in der Fährte gewinnen. Dennoch ist das Gespräch mit dem Schützen wichtig. Zum einen beruhigt es seine Nerven und sein Gewissen, wenn er jemandem die Geschichte erzählen kann; zum anderen gibt es manchmal eben doch Informationen, die für uns bei der Nachsuche von Bedeutung sind.

Verhalten des Wildes im Schuss

Das Zeichnen des Stückes ist ein wichtiger Hinweis darauf, dass das Wild die Kugel erhalten hat. Häufig berichten Schützen, dass sie »gut abgekommen« sind und das Wild »deutlich gezeichnet« habe. Diese Beschreibungen sind leider völlig inhaltslos. Jeder Jäger macht den Finger am Abzug nur dann krumm, wenn er sicher ist, einen guten Schuss anzubringen. Auch bei der Aussage zum Verhalten des Wildes erfahren wir nichts über den Treffersitz. Meistens lässt sich der Schütze zu solchen Äußerungen hinreißen, weil er überhaupt irgendetwas zur Lösung der für ihn unangenehmen Situation beitragen möchte. Entscheidend für uns als Nachsuchenführer ist, wie das Wild konkret gezeichnet hat.

Aber auch eine detaillierte Beschreibung müssen wir mit Vorsicht annehmen, weil sogar Wild, das vorbeigeschossen wurde, häufig angeblich gezeichnet hat: Durch den Knall erschrickt das Wild, zuckt dabei zusammen und setzt unmittelbar danach mit einem großen Sprung zur Flucht an.

Seit Jahrzehnten werden in vielen Büchern und Artikeln falsche Rückschlüsse zwischen dem Zeichnen des Wildes im Schuss und dem Treffersitz weitergegeben. Als Merkregel gilt, dass das Wild immer versucht, dem Schmerz auf kürzestem Wege auszuweichen.

Schwarzwild zeichnet bei Treffern wie die übrigen Schalenwildarten. Aufgrund des massigen Körpers und der verhältnismäßig kurzen Läufe ist das Zeichnen nicht so ausgeprägt und daher nur selten deutlich zu erkennen. Außerdem wird Schwarzwild häufig nachts beschossen. Im Dunkeln ist ein Beobachten von Schusszeichen schlichtweg unmöglich.

Bei Drückjagden ist häufig kein Zeichnen des Wildes zu erkennen. Durch Treiber- und Hundeeinsatz steht das Wild unter Stress. In dieser Situation werden Adrenalin und Endorphine ausgeschüttet.

Treffersitz bei einem Tiefblattschuss (tiefer Schuss durch die Kammer).

Dunkelblau: Lunge

Hellblau: Herz

Bei einem Tiefblattschuss (tiefer Schuss durch die Kammer) oder einem Streifschuss am Brustbein schnellt das Stück mit den Vorderläufen nach oben und springt dabei nach vorne.

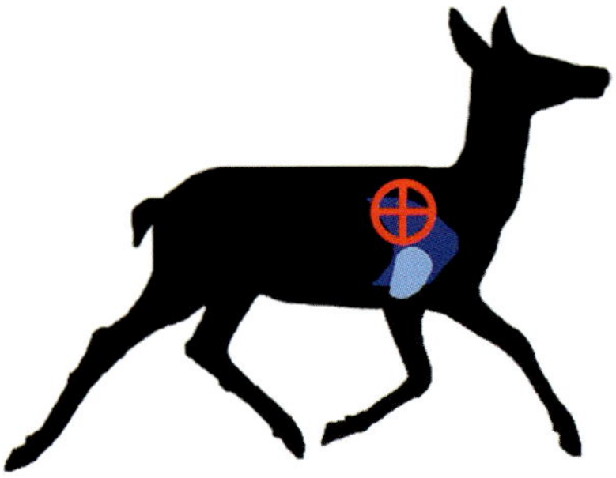

Treffersitz bei einem Hochblattschuss (hoher Schuss durch die Kammer).

Dunkelblau: Lunge

Hellblau: Herz

Bei einem Hochblattschuss (hoher Schuss durch die Kammer) ruckt das Wild mit der vorderen Körperpartie nach unten.

Treffersitz bei einem Schuss durch das große Gescheide und Leber oder Milz.

Dunkelblau: Pansen

Hellblau: Leber

Bei einem Treffer auf dem großen Gescheide, der Leber oder der Milz krampft der Körper des Wildes zusammen.

Treffersitz bei einem tiefen Schuss durch die Bauchdecke.

Dunkelblau: Pansen

Hellblau: Leber

Bei einem tiefen Schuss durch den Bauch macht das Wild einen Buckel und springt mit allen vier Läufen senkrecht nach oben.

Treffersitz bei einem Schuss durch das kleine Gescheide (dunkelblau).

Wird das Stück im kleinen Gescheide getroffen, springt es mit allen vier Läufen vom Boden ab, zieht die Hinterläufe unter den Bauch und schlägt dann nach hinten aus.

Treffersitz bei einem Laufschuss (hier Unterarmknochen).

Dunkelblau: Knochen (Schulterblatt, Oberarmknochen, Unterarmknochen)

Bei einem Laufschuss knickt das Wild mit dem getroffenen Lauf ein. Das Wild fängt diese Bewegung jedoch blitzschnell ab, so dass das Abknicken des Laufes meistens nicht zu sehen ist.

Zeichnen eines Rothirsches mit tiefem Kammerschuss.

Zeichnen eines Rehbocks bei einem Schuss durch die Bauchdecke.

Zeichnen eines Rehbocks bei einem Schuss durch das kleine Gescheide.

Adrenalin erhöht den Blutdruck und mobilisiert Energiereserven. Endorphine sorgen dafür, dass das Schmerzempfinden unterdrückt wird. Aufgrund dieser körperlichen Effekte geht auch getroffenes Wild wie gesund ab. Daher soll möglichst jede Schussabgabe bei einer Drückjagd eine Kontrollsuche mit dem Hund nach sich ziehen.

Bei der Schilderung von Beobachtungen im Schuss ist zu bedenken, dass der Schütze durch den Rückschlag der Waffe häufig aus der Blickrichtung herausgeworfen wird. Außerdem schließt jeder Jäger im Moment des Knalls reflexartig die Augen. Nur selten stimmen daher die Berichte über das Zeichnen des Wildes im Schuss mit der Realität überein.

Verhalten des Wildes nach dem Schuss

Wenn das Wild nach dem Schuss noch eine größere Entfernung bis zur nächsten Deckung zurücklegen muss, kann der Schütze das Verhalten nach dem Schuss beobachten. Diese Schilderungen sind für den Nachsuchenführer häufig aussagekräftiger als die Beobachtungen im Schuss.

Bei einem Kammertreffer knickt das Stück mit den Vorderläufen während der Flucht ein und wird vorne immer tiefer.

Bei einem Laufschuss mit Knochentreffer ist oft ein Schlenkern des Laufes zu beobachten. Dass Wild bei einem Lauftreffer langsam humpelt und sich erst an die Fortbewegung auf drei Läufen gewöhnen muss, stimmt nicht! Ein flüchtendes Stück ist auf drei Läufen von Beginn an genauso schnell wie auf vier.

Trifft das Geschoss das Gescheide oder die Leber oder liegt ein reiner Wildbrettreffer vor, geht das Wild hochflüchtig, wie gesund, ab. Häufig wird berichtet und geschrieben, dass Wild mit einem Lebertreffer mit krummem Rücken langsam zieht. Dies ist jedoch erst kurz bevor das Stück zusammenbricht und verendet der Fall.

Treffersitz bei einem Krellschuss.

Dunkelblau: Knochen (Wirbelsäule, Hüfte, Kreuzbein)

Der Krellschuss ist der einzige Treffer, bei dem wir uns tatsächlich auf die Schilderung des Schützen verlassen können. Hierbei handelt es sich um einen hohen Rückenschuss. Das Geschoss erfasst die Dornfortsätze der Wirbel. Dadurch entsteht ein extremer Druck auf das Rückenmark und das zentrale Nervensystem. Das Wild bricht direkt am Anschuss zusammen und schlegelt. Nach einiger Zeit – es können bis zu zehn Minuten vergehen – rappelt sich das Wild wieder auf und flüchtet.

Schweres Röcheln – vor allem nachts beim Schwarzwild zu hören – deutet darauf hin, dass das Stück liegt und die letzten schweren Atemzüge macht.

Kann der Schütze weder im Schuss noch bei der Flucht eine Auffälligkeit im Verhalten des Wildes erkennen, wird manchmal auf einen Hohlschuss getippt. Dabei handelt es sich jedoch keinesfalls um einen Schuss, der keine Verletzungen an inneren Organen verursacht. Im Körper gibt es nämlich keine Hohlräume, durch die das Geschoss einfach hindurchfliegen könnte. Bei einem Hohlschuss dringt das Geschoss zwischen zwei Rippen in die Kammer ein. Dadurch ist der Zielwiderstand gering und das Geschoss pilzt nicht richtig auf. Der Ausschuss liegt ebenfalls zwischen zwei Rippen, so dass dem Geschoss auch hier der Widerstand fehlt. Einschuss, Wundkanal und Ausschuss ähneln somit dem eines Vollmantelgeschosses.

Wild, das die Kugel erhalten hat, flüchtet in den allermeisten Fällen in die Richtung, in die es steht. Eine Deckung, die sich hinter dem Stück befindet, wird dann mit einer bogenförmigen Flucht angenommen. An Wild, das sich im Schussknall auf der Stelle umdreht und die Deckung direkt annimmt, wurde meistens vorbeigeschossen. Um sicher zu sein, ist jedoch wie immer eine Kontrollsuche mit dem Hund notwendig.

Anmerkung zum Kugelschlag

Manche Schützen hören in ihren Schilderungen einen Kugelschlag und können sogar beurteilen, ob dieser dumpf oder hart geklungen hat. Faktisch hört man den Kugelschlag nur, wenn man in einiger Entfernung zum Schützen steht und die Schussentfernung groß ist. Erst dann kann das menschliche Ohr einen Unterschied zwischen Mündungsknall und Auftreffen des Geschosses wahrnehmen. Ob das Geschoss dabei auf die Blattschaufel, die Leber oder in einen Baum trifft, ist anhand des Kugelschlags nicht zu bestimmen.

Am Anschuss – Am Ausschuss

Die Begriffe Anschuss und Ausschuss werden häufig synonym gebraucht, wenn es um die Schilderung der Situation für eine Nachsuche geht. Korrekt ist jedoch, dass der Anschuss den Standort des Wildes zum Zeitpunkt der Schussabgabe beschreibt. Unter Ausschuss versteht man den Bereich, der aus Schützensicht hinter dem Stück liegt.

Was finden wir am Anschuss?
In dem Moment, in dem das Geschoss den Wildkörper trifft, erschrickt das Stück, spürt einen starken Schmerz und zuckt dabei zusammen. Durch die Schalen entstehen dabei am Boden Eingriffe. Im nächsten Moment versucht das Wild, dem Schmerz auszuweichen, danach setzt es zur Flucht an. Es springt vom Boden ab, wodurch die Schalen Ausrisse hinterlassen. Eingriffe und Ausrisse sind allerdings bei dichter Bodenvegetation (Wiese) oder auf stark komprimierten Böden (Wald- oder Feldweg) häufig nicht zu sehen.

Neben Eingriffen und Ausrissen befindet sich am Anschuss Schnitthaar. Es wird abgetrennt, wenn das Geschoss auf die Decke/Schwarte trifft. Geschosse mit einem speziellen Scharfrand verstärken die Entstehung von Schnitthaar.

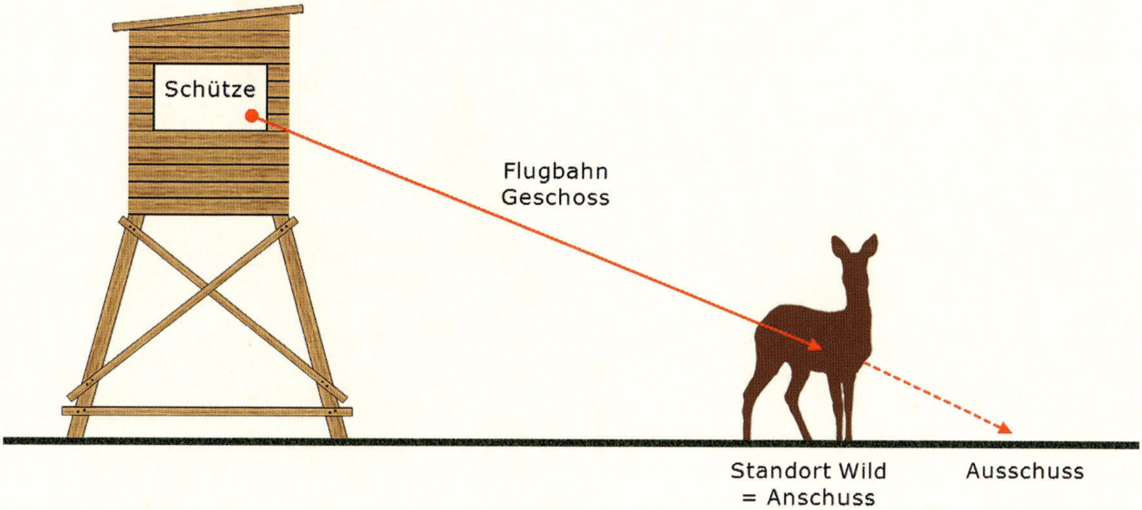

Schematische Definition von Anschuss und Ausschuss.

Was finden wir am Ausschuss?

Viele Jäger gehen nach einer gewissen Wartezeit zum Standort des Wildes (= Anschuss) und suchen dort nach Pirschzeichen. Wenn sie dort überhaupt nichts oder nur wenig Schnitthaar finden, wird oft mit der Begründung »Das war ein Fehlschuss oder nur ein leichter Streifschuss« auf eine Nachsuche verzichtet. Die meisten Pirschzeichen liegen jedoch am Ausschuss! Durch Geschwindigkeit, Deformierung und Energieabgabe des Geschosses wird im Wildkörper eine Druckwelle erzeugt. Diese zerstört Gewebe und schleudert es auf der Ausschussseite aus dem Körper heraus. Das im Querschnitt vergrößerte Geschoss schiebt zudem organisches Material vor sich her und befördert es beim Durchschlagen des Körpers nach außen. Wie weit sich der Ausschuss hinter dem Wild befindet, ist in erster Linie vom Schusswinkel abhängig. Bei einem flachen Schuss vom Bodensitz aus können zwischen Anschuss und Ausschuss durchaus zehn bis fünfzehn Meter liegen.

Wenn Sie im Winter bei einer Neuen ein Stück Wild beschießen, machen Sie sich doch mal die Mühe und suchen Sie – auch wenn das Stück am Anschuss liegt – nach Pirschzeichen auf der Ausschussseite. Sie werden erstaunt sein, wie weit hinter dem Stück man auf der jungfräulichen Schneedecke ohne große Mühe fündig wird.

Schweiß ist der wichtigste Indikator dafür, dass das Wild schwer getroffen wurde. Er wirkt auf den Menschen sehr beruhigend: Wenn wir Schweiß finden, wissen wir, dass unser Hund auf der richtigen Fährte ist, und das macht Hoffnung, das Stück zu bekommen.

Lungenschweiß ist hellrot und in frischem Zustand mit Luft durchsetzt und dadurch leicht schaumig.

Dieser Schaum löst sich jedoch relativ schnell auf. Häufig finden wir bei einem Lungenschuss auch helles Lungengewebe, das optisch an feinen Schaum erinnert (Lungenbläschen).

Herzschweiß ist mittelrot gefärbt. Da das Herz fast vollständig von den Lungenflügeln umschlossen wird, ist bei einem Herzschuss meistens auch die Lunge verletzt. Einen reinen Herztreffer gibt es nur bei einem sehr tiefen Kammerschuss.

Leberschweiß ist tief dunkelrot. Liegt er längere Zeit auf dunklem Untergrund wie Moos oder Nadelstreu wirkt er dunkelbraun. Lebergewebe fühlt sich breiig an, wenn man es zwischen den Fingern zerreibt.

Wildbretschweiß und Schweiß aus einer aufgerissenen Bauchdecke ist mittelrot und ähnelt dem Herzschweiß. Wildbretstücke am Ausschuss erkennt man an den Fleischfasern.

Milzschweiß ist ähnlich dunkel wie Leberschweiß. Milzgewebe fühlt sich etwas grobkörnig an.

Bei einem Schuss durch das große Gescheide (Pansen/Weidsack), finden wir Äsungsbrei. Dieser hat einen strengen, pansenartigen Geruch und wir erkennen noch Strukturen der Nahrung wie Pflanzenfasern, zerdrückte Eicheln oder Maiskörner. Häufig werden bei einem Pansen-/Weidsackschuss auch die Leber und die Milz verletzt, weil diese Organe seitlich am Pansen/Weidsack anliegen.

Wird das kleine Gescheide (Darm) getroffen, finden wir nur sehr wenig Schweiß. Dieser ist blassrot und wässrig.

Bei einem Gebrech-/Äserschuss finden wir mittelroten Schweiß, der durch Speichel leicht verwässert ist. Der Schweiß wird anfangs in feinen, stecknadelkopfgroßen Tropfen versprüht. In der Fährte liegt häufig kein Schweiß mehr, weil das Stück den Schweiß abschluckt.

Lungenschweiß,

Nehmen Sie sich beim nächsten erlegten Stück Schalenwild die Zeit für eine kleine anatomische Untersuchung: Betrachten Sie die Farbe der Organe, schneiden Sie sie auf und sehen Sie sich die Farbe im Inneren an. Zerreiben Sie ein kleines Stück jedes Organs zwischen den Fingern, um die Substanz kennen zu lernen. So bekommen

Wildbretschweiß, **Leberschweiß**

Sie einen realistischeren Eindruck, als wenn Sie nur die Beschreibungen im Buch lesen.

Schweiß einer Sorte kann auf unterschiedlichen Oberflächen sehr verschieden aussehen. Ein Beispiel finden Sie auf dem Bild auf der folgenden Seite: Der Schweiß auf dem trockenen Maisstengel ist nicht zu übersehen (1). Auf dem hellen Untergrund wirkt der Schweiß ebenfalls sehr hell. Lungenschuss? Um den Schweißtropfen auf dem Blatt zu finden, muss man schon genauer hinsehen (2). Auf dem grünen Untergrund wirkt der Schweiß deutlich dunkler. Wildbretschuss? Auf dem grau-braunen Ackerboden sind die Schweißspritzer kaum noch als solche zu erkennen (3). Wäre der Boden nicht trocken, sondern hätte es zuvor geregnet, wäre dieser Schweiß überhaupt nicht sichtbar. In einem Schweißspritzer auf dem Boden liegt ein kleines Stück Lungengewebe (4). Tatsächlich handelt es sich um die kurze Todesflucht eines Dam-Schmaltiers, das mit einem Herz-Lungen-Treffer zur Strecke kam.

Schweiß auf verschiedenen Oberflächen. Erläuterungen siehe Text.

Neben Schweiß und Organteilen finden wir am Ausschuss gelegentlich auch Knochensplitter. Bei einem Kammerschuss werden in den allermeisten Fällen die Rippenknochen getroffen. Diese haben eine abgeflachte Form. Im Inneren befindet sich eine schwammartige Knochensubstanz, deren Hohlräume mit Knochenmark gefüllt sind.

Röhrenknochen finden wir ausschließlich bei einem Lauftreffer. Beim Fund eines kleinen Knochensplitters können wir leider keinen Rückschluss darauf ziehen, ob er aus dem Vorder- oder Hinterlauf stammt und ob es sich um einen hohen oder tiefen Laufschuss handelt. Typisches Merkmal des Röhrenknochens ist der Hohlraum im Inneren, der mit rotem Knochenmark gefüllt ist.

Bei einem Gebrech-/Äserschuss wird der Kieferknochen getroffen. Der Unterkieferknochen ist vollständig als schwammartiges Gerüst mit kleinen Hohlräumen aufgebaut. Beim Oberkieferknochen finden wir diese Struktur nur im Zahnbereich. Zum Oberkiefer gehören nämlich noch die Nasenmuscheln, in denen die Hohlräume sehr viel größer sind. Knochensplitter aus dem Nasenbereich sind relativ dünn und plattenförmig.

In Büchern und Seminaren wird häufig noch die Theorie gelehrt, dass man zum Finden des Ausschusses eine Schnur von der Position des Schützen bis zum Boden spannen soll. Die Schnur muss den Anschuss in der Höhe kreuzen, in der die Kugel das Wild vermutlich getroffen hat. Am Ausschuss tupft dann der Nachsuchenführer den Boden mit einem weißen Papiertaschentuch weiträumig ab, um den kleinsten Tropfen Schweiß sichtbar zu machen. Durch eine Geruchs- und Geschmacksprobe wird bestimmt, um welche Art von Schweiß es

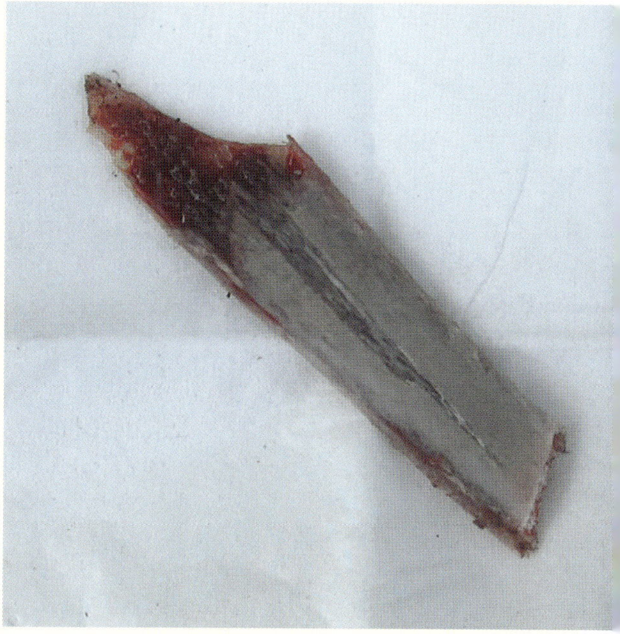

Rippensplitter mit Knochenmark.

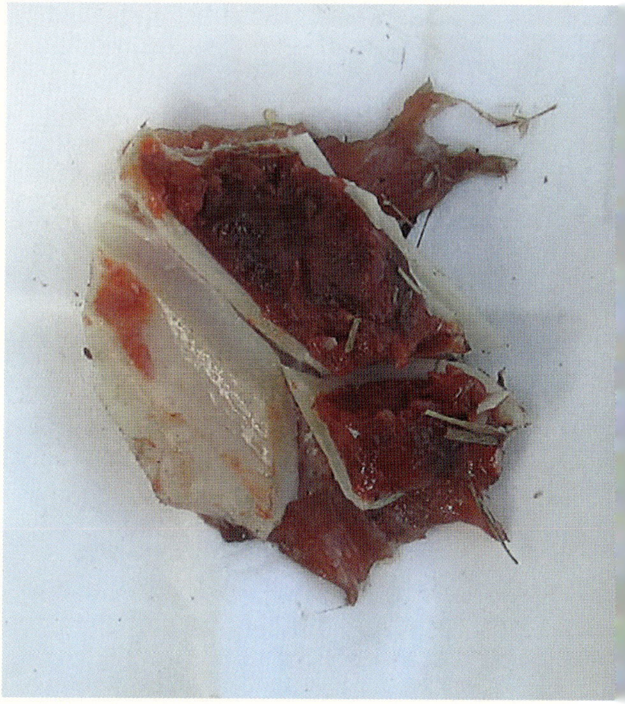

Splitter vom Röhrenknochen mit Mark und Wildbret.

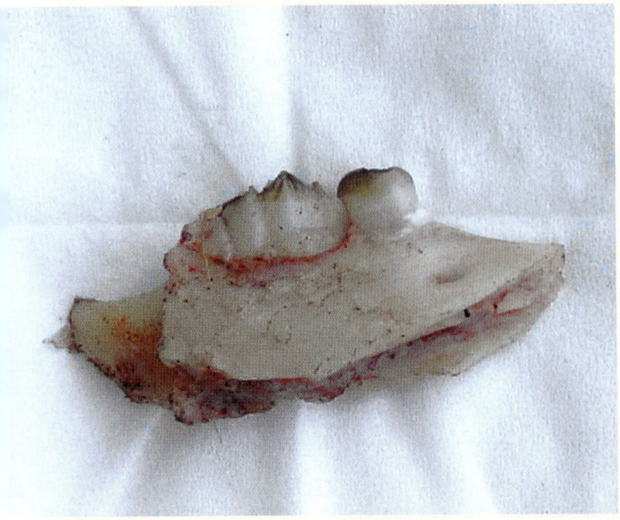

Knochensplitter mit Zähnen aus dem Unterkiefer.

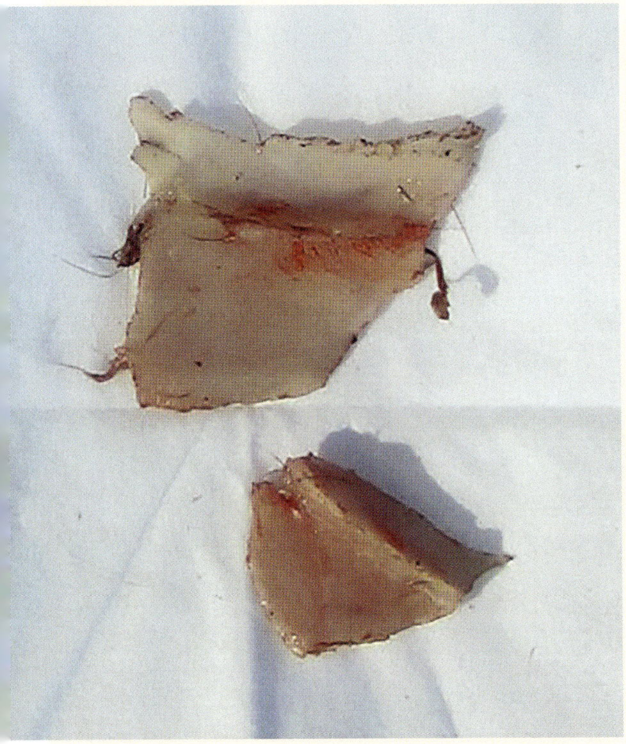

Splitter aus dem Nasenbein.

sich handelt. Anschließend werden Anschuss und Ausschuss mit der Lupe abgesucht. Schnitthaar wird mit einer Pinzette aufgesammelt und mit den Mustern im Schnitthaarbuch verglichen. Zur Bestimmung von Knochensplittern zieht man die Muster an der Knochenkette heran.

Die Praxis sieht deutlich anders aus: Wenn wir eine Wartezeit von mindestens vier Stunden eingehalten haben, ist es Zeit, das Wild nachzusuchen, ganz egal, ob es einen Kammerschuss oder einen Laufschuss hat. Wenn wir mit bloßem Auge keine Pirschzeichen finden, müssen wir den Hund dennoch für eine Kontrollsuche ansetzen. Wozu sollen wir also labortechnische Untersuchungen durchführen? Natürlich interessiert den Schützen, wo die Kugel gefasst hat, und auch wir möchten uns auf das, was uns bei der Nachsuche erwartet, innerlich vorbereiten. Hierfür reicht jedoch eine grobe Bestimmung des Treffersitzes aus. Als Nachsuchenführer müssen wir dafür nur die wichtigsten Schweiß- und Knochenarten kennen. Welche Farbe und Länge die Haare/Borsten an den verschiedenen Körperstellen des Wildes haben, sollte für einen ambitionierten Jäger selbstverständlich sein.

Schüsse und Chancen

Wild geht nach spätestens dreihundert Metern ins erste Wundbett – unabhängig von Wildart, Gewicht, Kaliber und Treffersitz. Wenn es hier nicht verendet, zieht das Wild nach einiger Zeit weiter. Rotwild und Schwarzwild suchen Suhlen oder Wasser auf, um das einsetzende Wundfieber zu kühlen. Andere Wildarten ziehen sich in Dickungen zurück, um dort Schutz zu suchen. Frischlinge und Kälber versuchen – sofern sie durch die Verletzung nicht zu sehr geschwächt sind – Anschluss zur Rotte bzw. zum Rudel zu halten. Wie weit eine Nachsuche letztendlich geht, ist auch davon abhängig, ob das kranke Stück aufgemüdet wurde. Dies kann durch den übermotivierten Schützen passieren, der der Schweißfährte folgt oder durch einen Hund, mit dem nachgesucht wurde, der aber nicht zuverlässig hetzt und stellt.

Kammertreffer durch Herz und/oder Lunge sind immer tödlich. Nach der obligatorischen Wartezeit von vier Stunden ist auch starkes Wild verendet. Geringe Stücke wie Rehe, Kälber und Frischlinge liegen meistens im Knall oder verenden wenige Sekunden nach dem Schuss in einer Entfernung von dreißig bis achtzig Metern. Durch die schwere Verletzung an Herz und Lunge und durch den hohen Schweißverlust wird das Gehirn nicht mehr ausreichend mit Sauerstoff versorgt und der Tod tritt ein. Nachsuchen nach Kammerschüssen verlaufen unter normalen Bedingungen immer erfolgreich. Eine Hetze ist die große Ausnahme.

Lebertreffer sind ebenfalls tödlich. Die Leber bietet dem Geschoss viel Widerstand und ist ein stark durchblutetes Organ. Dementsprechend sind die Zerstörung und der Schweißverlust sehr groß. Das getroffene Wild geht schnell ins Wundbett und verendet hier. Nachsuchen sind in aller Regel erfolgreich, eine Hetze kommt beim Lebertreffer nur selten vor.

Weidwundschüsse (Treffer im großen oder kleinen Gescheide) gehören zu den tödlichen Schüssen. Allerdings dauert es mehrere Stunden bis das Wild verendet ist. Bei der Zerstörung von Weidsack/Pansen oder Darm gelangen aggressive Bakterien, die für die Verdauung zuständig sind, in die Bauchhöhle. Es kommt zu einer Infektion, die schnell auf den gesamten Körper übergreift. Innerhalb kurzer Zeit setzt schweres Wundfieber ein. Nach sechs Stunden ist das Wild verendet. Da Herz und Lunge einwandfrei funktionieren und der Schweißverlust gering ist, ziehen Stücke mit Gescheidetreffer sehr weit, wenn sie aufgemüdet werden. Bei Schwarz- und Rotwild können das mehrere Kilometer sein! Der Hund muss eine gute Kondition und einen großen Fährtenwillen haben, um solche Nachsuchen durchzuführen. Eine zu früh begonnene Nachsuche führt immer zur Hetze. Erfolg oder Misserfolg sind stark davon abhängig, wie lang die Wartezeit zwischen Schussabgabe und Beginn der Nachsuche war, also wie geschwächt das Wild bereits ist.

Beim Laufschuss müssen wir zwischen dem hohen und dem tiefen Laufschuss unterscheiden. Ein hoher Vorderlaufschuss und ein Keulenschuss ähneln sich in der Art der Verletzung. In beiden Fällen wird sehr viel Wildbret zerstört. In der Fährte finden wir alle paar Meter Schweiß. Bei einem tiefen Laufschuss ist die Verletzung wesentlich geringer und das Wild weniger geschwächt. Laufschüsse enden auch nach vielen Stunden Wartezeit immer mit einer Hetze. Beim hohen Laufschuss und Keulenschuss stellt sich das Wild schnell und 75 % der Nachsuchen sind erfolgreich. Beim tiefen Laufschuss sucht das Stück sein Heil eher in der Flucht und die Erfolgsquote liegt bei maximal 50 %.

Ein Äser-/Gebrechschuss entsteht, wenn bei flüchtigem Wild zu weit vorgehalten wird oder wenn Jäger glauben, sie müssten jedes Gramm Wildbret retten und versuchen, einen Kopfschuss anzubringen. Die Chancen, solch ein Stück zu bekommen, sind sehr gering. Da alle Organe und der Bewegungsapparat des Wildes voll funk-

tionstüchtig sind, können wir uns meistens nicht einmal nähern. Das Wild bekommt uns frühzeitig mit und zieht weiter. Bei einer Hetze stellt sich ein Stück mit Äser-/Gebrechschuss nur selten. Der Hund muss das Stück heftig attackieren, um es zu binden. Unsere Chancen auf Erfolg stehen bei 30 %.

Beim Krellschuss (vgl. Kapitel »Beobachtungen des Schützen«) ist das Wild in allen Körperfunktionen unbeeinträchtigt und kann entsprechend lange Strecken zurücklegen, um seinen Verfolgern zu entkommen. Nur in Ausnahmefällen gelingt es überhaupt, mit der Riemenarbeit an das Stück heranzukommen. Dann erfolgt eine Hetze, bei

Nachsuchen nach Drückjagden stellen besonders hohe Anforderungen an den Hund. Die Erfolgsaussichten sind geringer als bei einer Nachsuche nach der Einzeljagd.

der der Hund sehr schnell sein muss, um das Wild einzuholen. Nur einem sehr wildscharfen Hund wird es gelingen, das Stück zu stellen. Die Erfolgsaussichten bei Krellschüssen liegen unter 30 %.

Drückjagden sind ein schwieriger Sonderfall. Stöberhunde nehmen die Wundfährte auf und brin-

gen das kranke Wild erneut auf die Läufe oder Treiber machen das Stück in der Dickung hoch. Daher müssen wir bei Treffern, die nicht sofort tödlich sind, immer mit einer langen Nachsuche rechnen, bevor wir ans Wild kommen. Auch sonst bereiten Drückjagden dem Nachsuchenhund große Probleme: Getriebenes Wild zieht umher und schafft viele Verleitungen; häufig kreuzen sich die Wundfährten verschiedener Stücke; erfolgreiche Schützen ziehen erlegtes Wild über die Wundfährte zum nächsten Weg; Wild wird in der Nähe der Wundfährte aufgebrochen und der Aufbruch verbleibt im Wald. All das sind massive Einflussfaktoren auf die Hundenase, die die Erfolgsaussichten einer Nachsuche schmälern. Hinzu kommt noch, dass die Mindestwartezeit von vier Stunden auf Drückjagden außer Kraft gesetzt ist. Der Jagdherr möchte die Jagd an einem Tag abschließen und alles Wild auf der Strecke haben. So entstehen (unter Umständen erfolglose) Hetzen, die am nächsten Morgen eine sichere Totsuche gewesen wären. Um all dem erfolgreich zu begegnen, hilft es nur, den Hund bestmöglich auszubilden und ihn reichlich praktische Erfahrung sammeln zu lassen.

Die Nachsuche

Wenn sich bei Ihren Jagdfreunden und in den Nachbarrevieren herumgesprochen hat, dass Ihr Hund seine erste Schweißprüfung mit »sehr gut« bestanden hat, wird es nicht lange dauern, bis das Telefon klingelt. Die erste Nachsuche, bei der Hund und Führer ihr Können unter Beweis stellen müssen! Und der erste Eindruck ist bekanntlich der wichtigste! Lassen Sie sich trotzdem nicht unter Erfolgsdruck setzen, sondern machen Sie einfach ruhig und konzentriert Ihre Arbeit.

Wartezeit

Um die Erfolgsaussichten einer Nachsuche zu erhöhen, halten wir eine Wartezeit von mindestens vier Stunden zwischen Schussabgabe und Beginn der Nachsuche ein. In dieser Zeit wird sich das Wild einschieben. Es verliert Schweiß und das Wundfieber setzt ein. Dadurch wird das Wild geschwächt und wir haben bessere Chancen, es zur Strecke zu bringen. Nur in Ausnahmefällen beginnen wir mit der Nachsuche früher. Dies ist der Fall, wenn wir reichlich Herz-, Lungen- oder bei relativ schwachem Wild wie Frischlingen, Überläufern, Kälbern, Schmaltieren und Rehen Leberschweiß finden. Bei diesen garantiert tödlichen Treffern halten wir aber auch eine Wartezeit von mindestens dreißig Minuten ein.

Begleiter? Ja, aber …

Aus waidmännischer Sicht halte ich es für selbstverständlich, dass der Schütze, der die Nachsuche verursacht hat, diese begleitet. Auch bei der Freude über eine erfolgreiche Suche, beim Bergen von Wild oder beim Rückweg zum Auto können Begleiter sehr angenehm sein. Man muss sich als Nachsuchenführer allerdings überlegen ob sie tatsächlich geeignet sind. Haben Sie nur den geringsten Zweifel, dass der Begleiter die Nachsuche nicht durchsteht – aus Altersgründen oder aufgrund fehlender Fitness – lassen Sie ihn am Auto warten. Häufig möchten auch zu viele Jäger mitkommen. Da sind der Schütze, der Pächter, der Hundeführer, der vor uns gesucht hat, der Pächter vom Nachbarrevier, dessen Grenze wir vermutlich überschreiten, usw. Wir nehmen maximal zwei Personen mit! Je mehr Leute uns begleiten, desto mehr Besserwisserei müssen wir uns unterwegs anhören und die Ablenkung für den Hund wird ebenfalls größer. Aus genau diesen

Gründen sollen die Begleiter auch mindestens zwanzig Meter hinter uns gehen.

Machen Sie Ihrer Begleitung unmissverständlich klar, dass nur Sie den Fangschuss abgeben! Wenn Ihr Begleiter unerwartet aus dem Hintergrund schießt, bedeutet das Lebensgefahr für Sie und Ihren Hund! Sie glauben gar nicht, wie viele Jäger dieser Bedingung zustimmen, im Ernstfall dann aber plötzlich die Büchse anbacken und Feuer reißen. Ich untersage meinen Begleitern inzwischen, eine Schusswaffe mitzuführen. Auch bei der Nachsuche auf wehrhaftes Wild bleibt die Schusswaffe der Begleitung im Auto. Wenn der Nachsuchenführer tatsächlich angenommen wird – was übrigens seltener vorkommt als immer heroisch berichtet wird – können begleitende Jäger die Nerven verlieren. Sie wollen in dem Moment auf das Stück schießen, wenn es uns am Bein hängt. Geraten wir tatsächlich einmal in solch eine Situation, ist es für uns sicherer, wenn der Begleiter das Wild mit einem Messer abfängt.

Vorstellschützen? Ja, aber ...

Vorstellschützen kommen zum Einsatz, wenn das gesuchte Stück noch sehr mobil ist, und das Nachsuchengespann das Wild mit der Riemenarbeit nicht erreicht. Wechsel, auf denen das Wild vermutlich ziehen wird, und Dickungen, in denen sich krankes Wild häufig einschiebt, werden mit Schützen abgestellt. Diese sollen das anwechselnde Stück erlegen. In der Praxis werden dem Einsatz von Vorstellschützen jedoch schnell Grenzen gesetzt.

Als Erstes sind sehr genaue Revierkenntnisse erforderlich. Es muss bekannt sein, welche Dickungen von krankem Wild vermutlich aufgesucht werden. Was weitaus schwieriger ist, ist die Kenntnis der Wechsel des Wildes zwischen den Dickungen und zwischen verschiedenen Waldflächen. Ein Schweißhundeführer, der ein Revier nur von ein oder zwei Nachsuchen pro Jahr kennt, kann dieses Wissen nicht haben. Selbst Revierpächter und andere Jagdausübungsberechtigte sind bei konkreten Fragen zum Verhalten von flüchtigem Wild schnell überfordert.

Ein weiteres Problem beim Einsatz von Vorstellschützen ist die Größe der Reviere. Vor allem Hochwildreviere werden von den Jagdgenossenschaften immer häufiger in kleine Jagdbögen geteilt, die separat verpachtet werden. So lassen sich schlichtweg höhere Hektarpreise erzielen. Ein weiträumiges Abstellen, ohne die Grenze zu überschreiten, ist in diesen Revieren kaum möglich. Nur bei einem außerordentlich guten Verhältnis zwischen den Pächtern kann man erwarten, dass der Nachbar mehrere fremde Jäger als Vorstellschützen in seinem Revier duldet oder sich kurzfristig um eigene Vorstellschützen bemüht.

Versuchen Sie mal, eine Hand voll Jagdfreunde zu motivieren, sich als Vorstellschützen an einer Nachsuche zu beteiligen! Wenn Sie Ihren Lebenshirsch beschossen haben, wird es Ihnen vielleicht gelingen. Schließlich möchte jeder Ihrer Jagdfreunde dabei sein, wenn der alte, kapitale Recke zur Strecke kommt und anschließend kräftig mit Ihnen feiern. Wenn allerdings »nur« ein Überläufer gesucht wird, bleiben die Waidgerechtigkeit und Jagdpassion schnell auf der Strecke. Ähnlich verhält es sich bei Drückjagden. Hier sind viele Jäger anwesend. Wenn diese aber erstmal bei Suppe und Bier am wärmenden Feuer sitzen, sind sie kaum dazu zu bewegen, sich an einer Nachsuche, die sie nicht selber verursacht haben, zu beteiligen.

Der Einsatz von Vorstellschützen bei Nachsuchen ist heutzutage eher Theorie. Bei früheren Jagden in herrschaftlichen Revieren, die von Förstern und Berufsjägern betreut wurden, hat diese Form der Nachsuche funktioniert. Für die heutige tägliche Nachsuchenpraxis ist sie jedoch aufgrund der erläuterten Schwierigkeiten kaum umsetzbar.

Führen der Waffe

Auch bei der Nachsuche gilt die gesetzliche Vorschrift, dass die Waffe unterladen – d. h. keine Patrone im Lager – zu führen ist. Daran sollte man sich unbedingt halten. Eine Waffe bei der Nachsuche geladen zu führen, ist in hohem Maße fahrlässig, ganz egal, ob man einen alten 98er mit Flügelsicherung oder einen modernen Handspanner führt. Die Pistole wird wie die Nachsuchenbüchse unterladen geführt. Beim Revolver lassen wir aus Sicherheitsgründen die Kammer, die sich vor dem Hahn befindet, und die erste Kammer danach frei.

Ansetzen des Hundes

Um den Hund gezielt ansetzen zu können, müssen wir vor allem den Anschuss kennen. Der Ausschuss ist für uns Menschen interessant, weil wir dort viele Pirschzeichen sehen können. Der Hund soll aber vor allem die besondere Angstwitterung des beschossenen Stückes verfolgen, die Viszeralwitterung ist nur ein Bonus (vgl. Kapitel »Entstehung und Zusammensetzung der Krankfährte«). Der Hund darf sich nicht ausschließlich an ihr orientieren, weil andere Rudel-/Rottenmitglieder des beschossenen Stückes vielleicht über den Ausschuss geflüchtet sind und Pirschzeichen wie Schweiß dabei verschleppt haben. Ich führe meinen Hund dennoch zuerst über den Ausschuss. Hier ist die Witterung für den Hund besonders intensiv und der Beutetrieb wird geweckt. Danach geht es zum Anschuss, wo ich meinen Hund mit der Suche beginnen lasse.

Vermutlich wird unser Hund auf einer Naturfährte schneller und aufgeregter arbeiten als auf einer Kunstfährte. Er erkennt am Geruch, dass diesmal echte Beute auf ihn wartet, nicht nur die aufgetauten Läufe und der Futternapf. Trotzdem soll der Hund ruhig und konzentriert bleiben (vgl. Kapitel »Übungsfährten für Welpen und Junghunde«).

Auf der Fährte

Während der Suche dürfen wir uns nicht von den Schweißmengen, die wir finden, täuschen lassen. Der Körper eines Säugetieres enthält pro Kilogramm Körpergewicht circa 70 Milliliter Blut. Ein Überläuferkeiler von fünfzig Kilogramm Lebendgewicht hat dem entsprechend 3,5 Liter Blut. Wenn man jetzt bedenkt, dass die Bewusstlosigkeit nach dem Verlust von einem Drittel des Blutes eintritt und ein Milliliter aus circa acht großen Tropfen besteht, so kann dieser Überläufer rechnerisch weit über 9.000 Tropfen Schweiß verlieren, bevor er verendet ist! Natürlich verliert Wild den Schweiß nicht exakt tropfenweise. Wir sollten uns diese Größenordnungen jedoch bewusst machen, um die Schweißmenge in einer Fährte realistisch beurteilen zu können. Häufig wird der Schweißverlust deutlich überschätzt. Das liegt auch daran, dass schon wenig Schweiß eine große Fläche rot färbt.

An besonders wichtigen Punkten wie Anschuss, Wundbetten, Tropfbetten oder den Beginn einer Hetze bringen wir Markierungen an. Wenn wir

ein GPS-/GLONASS-Ortungsgerät oder einen Outdoor-Tracker mitführen, lassen sich diese Punkte auch dann leicht wiederfinden, wenn wir ansonsten keine weitere Markierung in der Fährte gesetzt haben. Mit einem durchgängigen Markieren der Krankfährte würden wir die Nachsuche unnötig aufhalten und den Wald nicht gerade verschönern.

Haben Sie den Eindruck, dass Ihr Hund von der Fährte abgekommen ist, unterbrechen Sie die Nachsuche. Legen Sie den Hund ab und untersuchen Sie die Fährte selber ganz genau. Neben Schweiß gibt es noch andere Pirschzeichen, die zeigen, dass das gesuchte Stück hier lang gezogen ist: Trittsiegel, platt getretenes Gras und abgeknickte, trockene Äste sind Hinweise darauf, das Ihr Hund Recht hatte. Finden Sie von alledem nichts mehr, greifen Sie auf der Fährte bis zu einem Punkt zurück, an dem Sie eine Bestätigung finden. Hier setzen Sie den Hund neu an. Ganz egal, ob Ihr Hund an dem fraglichen Punkt weiterarbeitet wie zuvor oder eine andere Richtung wählt – vertrauen Sie ihm. Nase, Beutetrieb und Fährtenwille unserer Vierbeiner sind im Normalfall effektiver als Auge, Jagdverstand und Geduld des Menschen.

< Solch ein Tropfbett in der Wundfährte ist nicht zu übersehen. Dennoch liegen hier nicht mehr als zwei Milliliter Schweiß.

Vorausschauende Suche

Viele Jäger konzentrieren sich bei einer Nachsuche voll und ganz auf die zwei Meter der Fährte, die unmittelbar vor ihnen liegen. Hier hoffen sie, Schweiß zu finden, der ihnen die Gewissheit gibt, dass ihr Hund noch richtig ist. Solch eine Bestätigung in Form von Schweiß wirkt tatsächlich sehr beruhigend. Dennoch sollten wir unsere Aufmerksamkeit vor allem dem Hund und dem Gelände, das vor uns liegt, widmen.

Wenn wir unseren Hund beobachten, können wir an seiner Körpersprache viel über den Status der Fährtenarbeit ablesen. Ist der Hund konzentriert und motiviert? Wird er aufgeregter, weil er frische Pirschzeichen gefunden hat? Versucht er, mit hoher Nase zum Stück zu finden, weil wir kurz vor dem Ende der Fährte sind und in der Luft bereits mehr Geruch liegt, als auf dem Boden? Oder faselt der Hund, weil er die Fährte verloren hat? Um die Körpersprache des Hundes richtig lesen zu können, müssen wir sein Verhalten bereits in der Einarbeitungszeit auf Übungsfährten, deren besonderen Merkmale wir genau kennen, aufmerksam studieren.

Um nicht plötzlich und unvorbereitet auf das gesuchte Stück zu treffen, sollten wir unbedingt das Gelände vor uns im Auge behalten. Häufig können wir Stellen, an denen sich Wild möglicherweise eingeschoben hat, schon frühzeitig erkennen. Dabei kann es sich um eine abgebro-

< In deckungsarmem Gelände nähert sich das Gespann einem mit Schilf und Weiden bewachsenen Graben. Hier könnte sich das gesuchte Stück eingeschoben haben. Versuchen Sie, solche Situationen frühzeitig zu erkennen!

chene Baumkrone handeln, die im ansonsten deckungsarmen Hochwald liegt. Oder wir nähern uns einem noch grünen Brombeerbusch im bereits kahlen Herbstwald. In Feldlandschaften werden mit Schilf bewachsene Gräben häufig vom Wild angenommen. Wenn unser Hund solche Deckungsinseln – sie brauchen nur ein paar Quadratmeter groß zu sein – ansteuert, ist erhöhte Aufmerksamkeit geboten! Wir müssen uns darauf einstellen, dass das Wild jeden Moment vor uns wegbricht und wir unseren Hund zur Hetze schnallen müssen.

Hetzen und Stellen

Früher oder später werden wir zu einer Nachsuche gerufen, bei der wir das Wild nicht verendet finden. Plötzlich raschelt vor uns Laub, Äste knacken und wir sehen gerade noch wie das Stück zwischen Bäumen und Sträuchern verschwindet. Jetzt müssen wir den Hund schnellstmöglich zur Hetze schnallen! Das soll nach alter Lehrbuchmeinung nur erfolgen, wenn wir uns sicher sind, dass es sich bei dem aufgemüdeten Stück wirklich um das Gesuchte handelt. Unser Hund soll kein gesundes Wild hetzen, das wir während einer Nachsuche zufällig hochmachen. Theoretisch müssen wir jetzt bis zum Wundbett weiter arbeiten und überprüfen, ob es sich tatsächlich um ein Wundbett oder doch nur um ein Ruhebett handelt. Bis wir so weit sind, hat das Wild einen erheblichen Vorsprung herausgearbeitet. Man sieht auch nicht immer, ob das flüchtende Stück verletzt ist. Häufig bekommen wir das Wild gar nicht zu sehen, sondern hören nur, wie es vor uns wegbricht. In der Praxis müssen wir das Risiko einer falschen Hetze eingehen und den Hund schnallen. Wenn unser Hund das flüchtende Stück ebenfalls bemerkt hat, nimmt er schleunigst die Verfolgung auf. Hat der Hund das Wild nicht gesehen, sucht er anfangs mit tiefer Nase weiter. Sobald er das warme Wundbett und die warme Fährte erreicht, wird er die Hetze beginnen.

Ist unser Hund fährtenlaut, haben wir einen klaren Vorteil: Wir hören von Beginn der Hetze an, in welche Richtung die Reise geht und können dem Hund sofort folgen. Ist unser Hund sichtlaut, müssen wir einige Zeit warten, bis er sich dem Wild genähert hat und Laut gibt. Wir können nur hoffen, dass dies schnell der Fall ist, bevor Wild und Hund außer Hörweite sind. Bei Regen und starkem Wind hören wir den Laut des Hundes im Wald keine einhundert Meter weit. In diesem Fall ist ein Ortungssystem eine große Hilfe (vgl. Kapitel »Ausrüstung für den Hund«). Mit den GPS-/GLONASS-Systemen sehen wir sogar den Weg des Hundes auf dem Display der Empfangseinheit und wir können die Fluchtstrecke möglicherweise abkürzen. Voraussetzung ist natürlich, dass die Reichweite des Systems groß genug ist.

Stumm jagende Hunde sind für eine Hetze eigentlich nicht geeignet. Dennoch kann man mit ihnen die Brauchbarkeitsprüfung auf Schweiß bestehen. Für erweiterte Prüfungen ist Fährtenlaut oder Sichtlaut allerdings Pflicht. Mit einem Ortungssystem können wir den fehlenden Laut des Hundes – zumindest was unsere Orientierung betrifft – kompensieren.

> Der Hund wurde geschnallt. Ab geht die Post!

Wie schnell es bei einer Hetze zum Stellen kommt, ist von mehreren Faktoren abhängig. Einen großen Einfluss hat die Schärfe des Hundes. Hunde, die dem Wild in respektvollem Abstand folgen, werden nicht ernst genommen. Das Wild ist von seinem Verfolger unbeeindruckt und setzt seinen Weg unbeirrt fort. Das gleiche gilt, wenn die Größe des Hundes im Vergleich zum Wild sehr gering ist. Andererseits darf der Hund nicht zu groß sein. Wenn das Wild bei einer direkten Konfrontation mit dem Hund keine Chance für sich sieht, wird es sich nicht stellen, sondern sein Heil in der Flucht suchen. Auch die Schwere der Verletzung spielt eine Rolle. Leicht verletztes Wild, das körperlich kaum beeinträchtigt ist, stellt sich selten. Meistens kommt es in diesem Fall nicht einmal zur Hetze. Das Wild hat noch alle Sinne beisammen und bemerkt das Nachsuchengespann frühzeitig. Das Stück zieht dann dauerhaft vor Hund und Führer, die es gar nicht zu sehen bekommen. Wild, dessen Verletzung sehr schwer ist, merkt, dass es dem Hund nicht entkommen kann. Es setzt alles auf eine Karte und riskiert den Kampf, um den Verfolger loszuwerden.

Das Ziel ist es, eine Hetze kurz zu halten. Der Hund soll das Wild schnellstmöglich stellen. Ordentliche Hetzen gehen nur über 300 bis 500 Meter. Ausnahmen gibt es bei tiefen Laufschüssen, Gebrechschüssen und Krellschüssen, in diesen Fällen ist das Wild kaum zu stoppen. Bei solchen Verletzungen können wir froh sein, wenn wir das Wild mit der Riemenarbeit überhaupt erreichen (vgl. Kapitel »Schüsse und Chancen«). Viele Jäger berichten stolz von kilometerlangen Hetzen ihres Hundes. Über solche Geschichten kann man nur schmunzeln. Entweder war der Hund körperlich mit der Wildart überfordert oder dem Hund hat es an Schärfe gemangelt.

Die erste Hetze und das erste Stellen sollen für den Hund unbedingt erfolgreich sein. Dieses besondere Jagderlebnis wird sich im Gedächtnis des Hundes einprägen. Wir dürfen daher nicht davor zurückschrecken, anspruchsvolle Nachsuchen, bei denen eine schwierige Hetze zu erwarten ist, anfangs abzulehnen. Gut geeignet für die erste Hetze sind hohe Laufschüsse, Weidwundschüsse und Keulenschüsse mit Knochentreffer. Ungeeignet sind die zuvor bereits erwähnten tiefen Laufschüsse, Gebrechschüsse und Krellschüsse. Auch das Wild wählen wir bei der ersten Hetze unseres Hundes mit Bedacht aus. Keiler, Bachen, Hirsche und Alttiere mit Kälbern sind sehr wehrhaft. Sie können den unerfahrenen Hund schwer verletzen, wenn er im Übermut zu viel Schärfe zeigt.

In einem Saugatter bereiten wir den Hund bestmöglich auf die Konfrontation mit wehrhaftem Wild vor. Das Schwarzwild in diesen Übungsgattern ist an Hunde gewöhnt und überreagiert nicht, wenn ein Hund zu nahe kommt. Mit kurzen Angriffen flößt es dem Hund jedoch den nötigen Respekt ein. Zwar wird in den Gattern nur an Schwarzwild geübt, der Hund kann das Gelernte aber auf andere Wildarten übertragen. Mehr als zwei Einsätze im Saugatter machen wir mit unserem Hund nicht. Er soll nicht lernen, gesundes Wild aufzustöbern und auf die Läufe zu bringen, sondern seine Aufgabe bleibt das Zur-Strecke-Bringen von krankem Wild.

Stellt sich das kranke Stück unserem Hund, wird er es mit dem Standlaut verbellen. Er bindet das Stück, indem er es umkreist und ihm bei einem Fluchtversuch den Weg abschneidet. Je nach Schärfe und Erfahrung des Hundes und je nach

Nicht nur Stöberhunde, sondern auch Nachsuchenhunde sollten in einem Schwarzwildgatter kontrolliert an wehrhaftes Wild herangeführt werden.

Größe und Angriffslust des Wildes wird er versuchen, das Stück zu packen. Beim Halten und Niederziehen von Wild kommt der Hund schnell an seine körperlichen Grenzen. Selbst große Jagdhunde sind nicht in der Lage, ein Stück mit mehr als 30 Kilogramm Lebendgewicht festzuhalten. Auf jeden Fall müssen wir uns beeilen, die Bail zu erreichen! Brauchen wir zu lange, weil wir den Standlaut des Hundes nicht hören, weil unser Ortungsgerät den Dienst versagt oder weil wir schlichtweg zu langsam sind, löst sich das Ganze irgendwann auf. Gelingt dem Wild die Flucht, wird unser Hund im Normalfall die Hetze fortsetzen. Merkt unser Hund, dass er das Wild alleine nicht zur Strecke bringen kann oder verlassen ihn die Kräfte, kommt er zurück, um sein Rudel als Verstärkung zu holen. Ist das der Fall, beruhigen wir unseren Hund zuerst. Wir legen ihn ab, geben ihm Wasser und lassen ihn einige Minuten ausruhen. Danach bleibt uns nur eins übrig: Den Hund an den Riemen nehmen und die Suche fortsetzen.

Fangschuss und Abfangen

Am Ende einer Lebendsuche kommt der Moment, in dem wir das Stück von seinen Leiden erlösen müssen. Hierfür stehen uns die Langwaffe, die Kurzwaffe und das Messer zur Verfügung. Wann immer es möglich ist, bevorzugen wir den Fangschuss. Die Tötungswirkung eines Geschosses ist wesentlich größer als die eines Messers.

Mit der Büchse

Am häufigsten werden wir den Fangschuss mit der Nachsuchenbüchse anbringen. Hat unser Hund nach einer Hetze das Wild gestellt, müssen wir die Bail hierfür zuerst einmal erreichen. Das Wild konzentriert sich in dieser Situation auf den Hund und ist voll damit beschäftigt, diesen abzuwehren. Dadurch ist es möglich, dass der Mensch lange unbemerkt bleibt. Dennoch versuchen wir, uns leise zu bewegen. Das ist auf einem Waldboden mit Laub und Zweigen nicht einfach. Wenn es das Gelände zulässt, nähern wir uns gegen den Wind. Bedenken Sie aber, dass wir wenig Zeit haben! Wer den Wind erst mit Zigarettenrauch oder Mehlstaub prüft und die Bail großräumig umpirschen will, vergibt womöglich seine einzige Chance für den Fangschuss. Wie nah wir an das Stück herangehen, ist von der Vegetation abhängig. Die Entfernung beim Fangschuss auf Wild, das vom Hund gestellt wird, liegt meistens zwischen fünfzehn und dreißig Metern.

Konzentrieren Sie sich nicht nur auf das Wild, sondern auch auf Ihren Hund! Der Schuss wird erst abgegeben, wenn sich der stellende Hund seitlich oder schräg vor dem Wild befindet (auf der Uhrenskala zwischen 8 Uhr und 9 Uhr bzw. zwischen 3 Uhr und 4 Uhr). Begleiter drängen manchmal zu einem schnellen Fangschuss. Davon dürfen Sie sich nicht beeinflussen lassen. Sie schießen erst, wenn Sie sicher sind, dass für Ihren Hund keine Gefahr durch Geschoss- oder Knochensplitter besteht.

Bestenfalls bringen wir einen tödlichen Schuss auf die Kammer an. Da wir uns aber nicht immer von der idealen Seite nähern und sich das Wild häufig in Bewegung befindet, ist ein Kammerschuss nicht immer möglich. Letztendlich spielt es beim Fangschuss keine Rolle, in welcher Position das Wild steht. Sobald sich uns die Möglichkeit bietet, das Wild sicher zu beschießen, tun wir das. Jeder Treffer schwächt das Stück und lässt es uns schneller zur Strecke bringen. Dabei darf die Wildbretentwertung keine Rolle spielen.

Mit der Kurzwaffe

Manchmal finden wir das Stück so stark geschwächt im letzten Wundbett, dass es nicht mehr fluchtfähig ist. Bei Wild, das keine Trophäen trägt, nehme ich die Kurzwaffe und bringe damit einen aufgesetzten Kopfschuss an. Dieser lässt das Stück im Bruchteil einer Sekunde verenden, auch wenn es danach noch eine Weile schlegelt. Wenn wir sehr nah an das Wild herangehen, ist Vorsicht geboten: Durch einen Schlag mit dem Haupt, einen Tritt mit dem Lauf oder durch Zubeißen kann uns größeres Wild unerwartet verletzen. Daher treten wir immer von hinten an

das Stück heran. Ein Schuss aus der Langwaffe wäre beim Kopfschuss genauso effektiv wie der Schuss aus der Kurzwaffe. Der Mündungsknall ist jedoch bei einer zum Boden gerichteten Büchse wesentlich lauter und unangenehmer.

Mit der Blankwaffe

Wenn das Wild vom Hund gehalten wird, kommt immer das Abfangmesser zum Einsatz. Das Messer wird erst wenige Schritte vor dem Stück in die Hand genommen. Zur eigenen Sicherheit rennen wir auf keinen Fall mit dem gezogenen Messer durch unwegsames Gelände! Da wir beim Abfangen genau wie beim Kopfschuss sehr nah an das Wild herantreten müssen, versuchen wir, uns von hinten zu nähern. Dann heißt es, Ruhe zu bewahren und entschlossen zu handeln. Wir greifen das Wild am Genick und drücken es kraftvoll auf den Boden. Mit dem Messer stechen wir auf halber Höhe der Kammer, direkt hinter der Blattschaufel, zu. Je schärfer das Messer ist, desto leichter gleitet es zwischen den Rippen in den Brustkorb. Danach führen wir eine schnelle Schnittbewegung in Richtung Brustbein. Damit zerschneiden wir Lunge, große Blutgefäße und Herz. Das Herz sitzt sehr tief in der Kammer, führen Sie den Schnitt daher so weit nach unten, bis Sie auf den Widerstand des Brustbeins stoßen.

Der Schnitt durch den Brustkorb muss unmittelbar nach dem Stich erfolgen und schnell durchgeführt werden. Beim Zustoßen des Messers kommt nämlich noch einmal Leben in das Stück. Manchmal können wir das Wild in diesem Moment nicht mehr festhalten. Wir sollten dies auch nicht auf Biegen und Brechen versuchen, um uns nicht zu verletzen – sei es durch Tritte des Wildes oder mit dem eigenen Messer. Flüchtet das Wild, schicken wir sofort unseren Hund hinterher. Das Abfangen mit dem Messer ist tödlich, es braucht aber ein paar Minuten, bis das Wild endgültig verendet ist.

Beim Abnicken wird dem Wild mit einem Messer mit schmaler Klinge, dem »Nicker«, zwischen die Schädelbasis und den obersten Halswirbel gestochen. Es bedarf sehr viel Übung, um dies sicher zu beherrschen. Wer mit Achtung vor der Kreatur jagt, verzichtet aus Tierschutzgründen auf das Abnicken.

< Im Schilf erhält der Überläuferkeiler den Fangschuss.

Erntejagden im Sommer und Drückjagden im Herbst bedeuten Hochkonjunktur für Nachsuchengespanne.

Erlebnisse aus der Nachsuchenpraxis

Überläufer auf der Drückjagd

Der SCHÜTZE auf Stand 1 hatte Anlauf von zwei Überläufern. Er hat einen der beiden beschossen – Weidwundschuss durch das große Gescheide. Auf den ersten Metern der Fluchtfährte war viel Inhalt vom Weidsack zu finden. Danach verlief die Fährte ohne Pirschzeichen. Die Nachsuche führte an Stand 2 vorbei. Hier fanden wir einen frischen Aufbruch von einem Frischling. Der Schütze auf Stand 2 hatte auch nur diesen Frischling als beschossenes Stück beim Jagdleiter gemeldet. Im weiteren Verlauf der Fährte fanden wir hin und wieder Schweiß. Das ist nichts Ungewöhnliches. Es kann durchaus vorkommen, dass sich zerschossene Eingeweide während der Flucht verschieben und so plötzlich Schweiß austritt, der vorher in den Bauchraum geflossen ist. Wir kamen schließlich direkt am Anschuss von Stand 3 an. Ich wusste, dass dieser Schütze einen kranken Überläufer beschossen hatte, den er jedoch ebenfalls nicht tödlich getroffen hatte. Hier war schon ein anderes Nachsuchengespann im Einsatz. Ich habe die Nachsuche an dieser Stelle abgebrochen, weil ich sicher war, dass wir ab Stand 3 denselben Überläufer suchen würden, wie das andere Gespann.

< Ein unvergessliches Jagderlebnis.

Später konnte Folgendes rekonstruiert werden: Die beiden Überläufer sind ab Stand 1 gemeinsam weitergezogen. An Stand 2 wurde der gesunde Überläufer beschossen – Laufschuss. Die beiden Invaliden sind weiterhin gemeinsam gezogen bis sie an Stand 3 ankamen. Hier wurde der Überläufer mit dem Laufschuss als krank identifiziert und beschossen. Nach Stand 3 sind die beiden Sauen noch knapp einhundert Meter gemeinsam geflüchtet und haben sich dann getrennt.

Was können wir daraus lernen?

- Vor allem bei Gesellschaftsjagden verschweigen Schützen gerne einen schlechten Schuss, weil sie Kritik von anderen Jägern fürchten (Schütze auf Stand 2, der den gesunden Überläufer beschossen hat). Hier muss der Jagdleiter schon morgens bei der Ansprache für ein gewisses Vertrauensverhältnis sorgen.
- Schützen berichten – ohne böse Absicht – nicht immer alles. Der Schütze auf Stand 3 hatte nur angegeben, einen kranken Überläufer beschossen zu haben. Dass zwei Überläufer angewechselt sind, hat er nicht erwähnt. Jagdleiter und Schweißhundeführer müssen wirklich jedes Detail, das wichtig sein könnte, vom Schützen erfragen.
- Es wird so lange nachgesucht wie der Hund suchen will. Ich hätte die Nachsuche nicht abbrechen dürfen, sondern hätte die Arbeit – auch auf die Gefahr hin, dass die Fährte ab Stand 3 doppelt gearbeitet wird – fortsetzen müssen.

Der Überläufer mit Weidwundschuss wurde übrigens noch gefunden. Ein Nachsuchengespann, das eigentlich ein Rottier gesucht hatte, stand plötzlich vor dem verendeten Überläufer, keine 150 Meter von Stand 3 entfernt.

Rothirsch in der Brunft

Ein Jagdgast wurde von einem Förster auf einen Rothirsch geführt. Die beiden haben im Wald einen rufenden Hirsch angepirscht. Der Hirsch hat die beiden Jäger mitbekommen, ist abgesprungen, hat dann aber noch einmal verhofft. Der Jagdgast hat geschossen und war sich sicher, gut abgekommen zu sein. Da in der Fährte sehr viel Schweiß lag, sind Förster und Schütze die Wundfährte nach einer halben Stunde Wartezeit ausgegangen. Nach circa 300 Metern haben sie den Hirsch im Wundbett aufgemüdet. Der Förster hatte zu der Zeit keinen eigenen erfahrenen Hund zur Verfügung, und so habe ich die Nachsuche übernommen.

Auf den ersten 1,5 Kilometern waren tatsächlich viel Schweiß und mehrere Tropfbetten zu finden. Der Schweiß war jedoch zu dunkel für einen Lungenschuss und zu hell für einen Lebertreffer. Ganz abrupt hörte der Schweiß nach einem Tropfbett auf. Da ich mir nicht sicher war, ob wir noch richtig waren, habe ich den Hund abgelegt und wir haben selber nach Schweiß gesucht. Schließlich fanden wir zwei winzige Tropfen einige Meter vom letzten Tropfbett entfernt. Hier wurde der Hund neu angesetzt. Nach weiteren 500 Metern Arbeit ohne Schweiß kreuzten wir einen sandigen Weg, auf dem man zwei starke Trittsiegel erkennen konnte. 200 Meter hinter dem Weg lag der Hirsch in einem ausgetrockneten Graben im Wundbett. Er wurde hoch und konnte, bevor er hinter Bäumen verschwand, mit einem schnellen Fangschuss zur Strecke gebracht werden.

Der Schuss des Jagdgastes war schräg in eine Keule eingedrungen ohne den Knochen zu treffen und hatte dann die Bauchdecke aufgerissen.

Was können wir daraus lernen?

- Auch wenn der Schütze sich sicher ist, gut abgekommen zu sein, muss das nicht immer stimmen.
- Viel Schweiß bedeutet nicht automatisch einen tödlichen Treffer. Bei einer Nachsuche muss man daher, was Zeit und Ausrüstung betrifft, auf alles vorbereitet sein.
- Man sollte vor einer Nachsuche immer eine Wartezeit von vier Stunden einhalten, damit das Wild krank werden kann und dadurch zusätzlich geschwächt wird.

Der 100-Kilo-Überläufer

Ein guter Jagdfreund von mir – ein durchaus erfahrener Schwarzwild-Jäger – saß nachts an einer Kirrung auf Wildschweine an. Er beschoss nach eigener Aussage einen Überläuferkeiler, der in einen breiten Schilfgürtel flüchtete. Der Schütze fand im Licht der Taschenlampe keine Pirschzeichen und bat mich, am nächsten Morgen nachzusuchen.

Wir trafen uns bei Sonnenaufgang und ich setzte meinen Hund am Anschuss an. Er nahm sofort die beschriebene Fluchtrichtung auf. Nach zweihundert Metern fanden wir ein Wundbett. Dreißig Meter weiter standen wir vor einem verendeten Keiler, der aufgebrochen 110 Kilogramm auf die Waage brachte!

Was können wir daraus lernen?

- Auch erfahrene Jäger liegen mit Ihrer Einschätzung der für eine Nachsuche relevanten Fakten manchmal falsch. Vor allem nach einer Nachtjagd auf Schwarzwild muss der Nachsuchenführer auf alles vorbereitet sein.
- Wir veranstalten keine Nacht-Nachsuchen auf wehrhaftes Wild! Selbst wenn es sich laut Schütze nur um ein geringes Stück handelt, das bestimmt gleich liegt, können wir böse überrascht werden.

Rotkalb auf der Drückjagd

Nach einer Drückjagd berichtete ein Schütze, dass er ein Rotkalb beschossen hätte. Das Stück sei alleine gezogen und sei bereits krank geschossen gewesen, da es einen runden Rücken gemacht habe.

Am Ausschuss und in der Fährte fanden wir deutlich Schweiß. Mein Hund hatte keine Probleme, der Krankfährte zu folgen. Die Suche führte nach 100 Metern durch einen defekten Wildschutzzaun in eine Anpflanzung. Hier haben wir das Stück aus dem Wundbett aufgemüdet. Ich habe den Hund geschnallt und das Rotkalb ist bei der kurzen Hetze in Panik in den Zaun geflüchtet. Es wurde vom Hund gestellt und mit einem Fangschuss zur Strecke gebracht. Das Erstaunen war allgemein groß, da es sich bei dem Rotkalb um einen Jährlingsbock handelte, der noch lauscherhohe Spieße auf hatte. Er hatte neben dem Fangschuss nur einen weiteren Treffer, der auf der Keule saß.

Was können wir daraus lernen?

- Wieder einmal entsprachen die Beobachtungen des Schützen nicht der Realität. Auf die Aussagen der Schützen sollte man als Nachsuchenführer daher nicht allzu viel geben.
- Die Fehlansprache und der Abschuss waren für den Schützen äußerst peinlich. Nachsuchenführer sollen in solch einer Situation Rücksicht nehmen und diese Vorfälle nicht in der Jägerschaft weitererzählen.

Überläufer bei der Ansitzjagd

Dass man bei einer Nachsuche auch positiv überrascht werden kann, zeigt diese Geschichte: Ein Jungjäger hat zusammen mit dem Jagdherrn auf einer Kanzel angesessen. Kurz vor Ende des Büchsenlichtes kam ein einzelner Überläufer. Der Jungjäger hat geschossen, der Überläufer ist geflüchtet. Am Ausschuss war kein Schweiß zu finden. Der Jagdherr berichtete, dass das Wildschwein bei der Flucht einen Lauf geschont habe und vermutete einen Lauftreffer. Die Nachsuche wurde für den nächsten Morgen vereinbart.

Am Anschuss und in den ersten 50 Metern der Fährte waren tatsächlich keine Pirschzeichen zu finden. Dann kamen die ersten Schweißtropfen. Der Schweiß wurde mehr, wir fanden schließlich Lungengewebe und nach 100 Metern Nachsuche lag der Überläufer mit sauberem Kammertreffer verendet in der Fluchtfährte.

Was können wir daraus lernen?

- Die Diagnose »Laufschuss« war falsch, auch wenn die Realität mit einem Kammertreffer in diesem Fall besser ausfiel als vermutet. Wieder einmal hat sich gezeigt, dass Beobachtungen, die der Schütze oder seine Begleiter schildern, nicht immer stimmen müssen.
- Auch wenig oder gar kein Schweiß am Ausschuss können eine schwere Verletzung bedeuten. Häufig hört man die Aussage »Wir haben keine Pirschzeichen gefunden, das war ein Fehlschuss«. Nein! Bei der Schussabgabe muss man das Schlimmste für das Wild befürchten und dementsprechend ist immer eine gewissenhafte Kontrollsuche mit dem Hund erforderlich.

> **Wolfgang-Emilia van ´t Rutbekerveld, der derzeitige Schweißhund des Autors.**

Anhang

Begriffe aus Jagd und Nachsuche

Abfangen
Das Erlegen von verletztem Wild durch einen gezielten Stich und Schnitt mit dem Messer.

Abgang
Plötzlicher Richtungswechsel einer Fährte.

Anschuss
Standort des Wildes im Moment der Schussabgabe.

Ansetzen
Dem Hund wird der Beginn der Fährte gezeigt, von wo aus er der Fährte folgen soll.

Ausrisse
Aufgerissener Boden, der bei der Flucht des Wildes entsteht.

Ausschuss
Aus Blickrichtung des Schützen der Bereich hinter dem beschossenen Wild.

Auswechsel
Der Punkt, an dem Wild dichte Vegetation, in die es zuvor geflüchtet war, wieder verlassen hat.

Bail
Hund und Wild stehen sich nach einer Hetze beim Stellen gegenüber, der Hund gibt Standlaut.

Eingriffe
Komprimierter Boden, der beim Erschrecken des Wildes oder während der Flucht entsteht.

Einwechsel
Die Stelle, an der Wild in dichte Vegetation geflüchtet ist.

Fährte
Die auf dem Boden hinterlassenen, aufeinanderfolgenden »Fußabdrücke« des Schalenwildes. Auch die Abdrücke einiger anderen Wildarten werden manchmal als Fährte bezeichnet.

Fährtenlaut
Bellen des Hundes, wenn er eine frische Fährte riecht und verfolgt.

Fährtenschuhe
Eine Art Sandale aus Metall oder Kunststoff, die unter die normalen Schuhe geschnallt wird und in die Läufe von Wild eingespannt werden. Mit Fährtenschuhen werden Übungsfährten für Jagdhunde getreten.

Fährtenwille
Das Bemühen des Hundes, einer Fährte zu folgen.

Fangschuss
Der Schuss, mit dem verletztes Wild erlegt wird.

Flehmen
Die Aufnahme von Witterung durch das geöffnete Maul. Nur wenige Tierarten können so Witterung über das Jacobsonsche Organ aufnehmen.

Gescheide
Innere Organe in der Bauchhöhle des Schalenwildes. Großes Gescheide = Weidsack bzw. Pansen. Kleines Gescheide = Darm und Harnblase.

Gesundfährte
Fährte von gesundem Wild.

Halsung
Halsband des Hundes.

Hetze
Schnelles Verfolgen von Wild durch den Hund.

Hochblatt
Ein Schuss durch den oberen Bereich des Brustkorbs.

Hohlschuss
Ein Schuss durch den Brustkorb des Wildes, bei dem das Geschoss weder beim Eindringen noch beim Verlassen des Körpers eine Rippe trifft. Dadurch verformt sich das Geschoss nicht ausreichend und die Tötungswirkung ist stark abgeschwächt.

Kammerschuss
Schuss durch den Brustkorb des Wildes. Dabei werden Herz und/oder Lunge getroffen.

Krankfährte
Fährte eines verletzten Wildes.

Krellschuss
Hoher Schuss durch den Rücken, bei dem die Dornfortsätze der Wirbel getroffen werden.

Kugelschlag
Das Geräusch, das beim Auftreffen des Geschosses entsteht.

Kunstfährte
Eine vom Menschen gelegte Fährte, die als Übung für den Hund dient.

Laufschuss
Treffer auf dem Bein (=Lauf) des Wildes.

Nachsuche
Das gezielte Verfolgen von verletztem Wild.

Naturfährte
Fährte eines Stückes Wild (gesund oder verletzt).

Neue
Eine geschlossene Schneedecke aus frisch gefallenem Neuschnee.

Pirschzeichen
Merkmale, die darauf hindeuten, dass Wild verletzt ist und auf einem bestimmten Weg geflüchtet ist.

Riemenarbeit
Das Verfolgen einer Fährte durch den Hund an einer speziellen, langen Leine (Schweißriemen).

Rückfährte
Die eigene Fährte des Hundes, die er zurückverfolgt, um nach einer selbständigen Suche wieder zu seinem Herrn zu finden.

Ruhebett
Der Ort, an dem sich gesundes Wild hingelegt hat.

Saugatter
Ein Wildgatter, in dem Wildschweine gehalten werden. Jagdhunde erlernen hier unter Beobachtung die kontrollierte Jagd auf Wildschweine.

Schleppe
Die Geruchsspur, die ein Gegenstand hinterlässt, wenn er über den Boden gezogen wird.

Schnallen
Das Lösen des Schweißriemens, um den Hund zur Hetze zu schicken.

Schnitthaar
Haare des Wildes, die beim Auftreffen des Geschosses abgetrennt werden.

Schussfestigkeit
Der Hund lässt sich von einem Schussknall nicht verängstigen.

Schweiß
Blut des Wildes, das bei einer Verletzung austritt.

Schweißarbeit
Das gezielte Verfolgen von verletztem Wild.

Schweißhalsung
Spezielles Halsband für den Hund, das bei der Schweißarbeit eingesetzt wird.

Schweißriemen
Spezielle, lange Leine für den Hund, die bei der Schweißarbeit eingesetzt wird.

Sichtlaut
Bellen des Hundes, wenn er für ihn sichtbares Wild verfolgt.

Standlaut
Bellen des Hundes, wenn er noch lebendes Wild gefunden hat, das Wild aber nicht flüchtet.

Stehzeit
Die Zeitspanne zwischen der Entstehung einer Fährte und dem Beginn der Suche mit dem Hund.

Stellen
Der Hund schafft es durch sein scharfes Verhalten, dass Wild vor ihm stehen bleibt und nicht weiter flüchtet.

Tiefblatt
Schuss durch den unteren Bereich des Brustkorbs.

Totverbellen
Der Hund hat in selbständiger Suche das verendete Wild gefunden und zeigt dies durch lang anhaltendes Bellen an.

Totverweisen
Der Hund hat in selbständiger Suche das verendete Wild gefunden. Er kommt zum Jäger zurück, um ihn zum Wild zu führen.

Tropfbett
Stelle, an der verletztes Wild gestanden hat und an der eine größere Menge Schweiß auf den Boden getropft ist.

Verleitung
Eine Geruchsspur, die die Fährte kreuzt, die der Hund verfolgen soll.

Verweiserpunkt
Eine Stelle in der Fährte mit einem besonderen Geruch, die der Hund durch sein Verhalten anzeigen soll.

Vorsuche
Das Suchen der Krankfährte durch den Hund.

Wundbett
Der Punkt, an dem sich schwer verletztes Wild hingelegt hat.

Wundwitterung
Der Geruch, den verletztes Wild in der Fährte hinterlässt. Sie setzt sich zusammen aus Angstwitterung und Viszeralwitterung.

Zeichnen
Das Verhalten des Wildes unmittelbar nachdem es von einem Geschoss getroffen wurde.

Schlagwortverzeichnis

I

J

K

L

M

N

O

P

R

S

T

U

V

W

Z

Literaturnachweis

Hans-Joachim Borngräber: Die Schweißarbeit und die Einarbeitung mit dem Fährtenschuh, Kosmos Verlag, Stuttgart 2004

Klub für Bayerische Gebirgsschweißhunde 1912 e. V.: Der Bayerische Gebirgsschweißhund, Verlag J. Neumann-Neudamm, Melsungen 2006

Bruno Hespeler: Vor und nach dem Schuss, BLV, München 2012

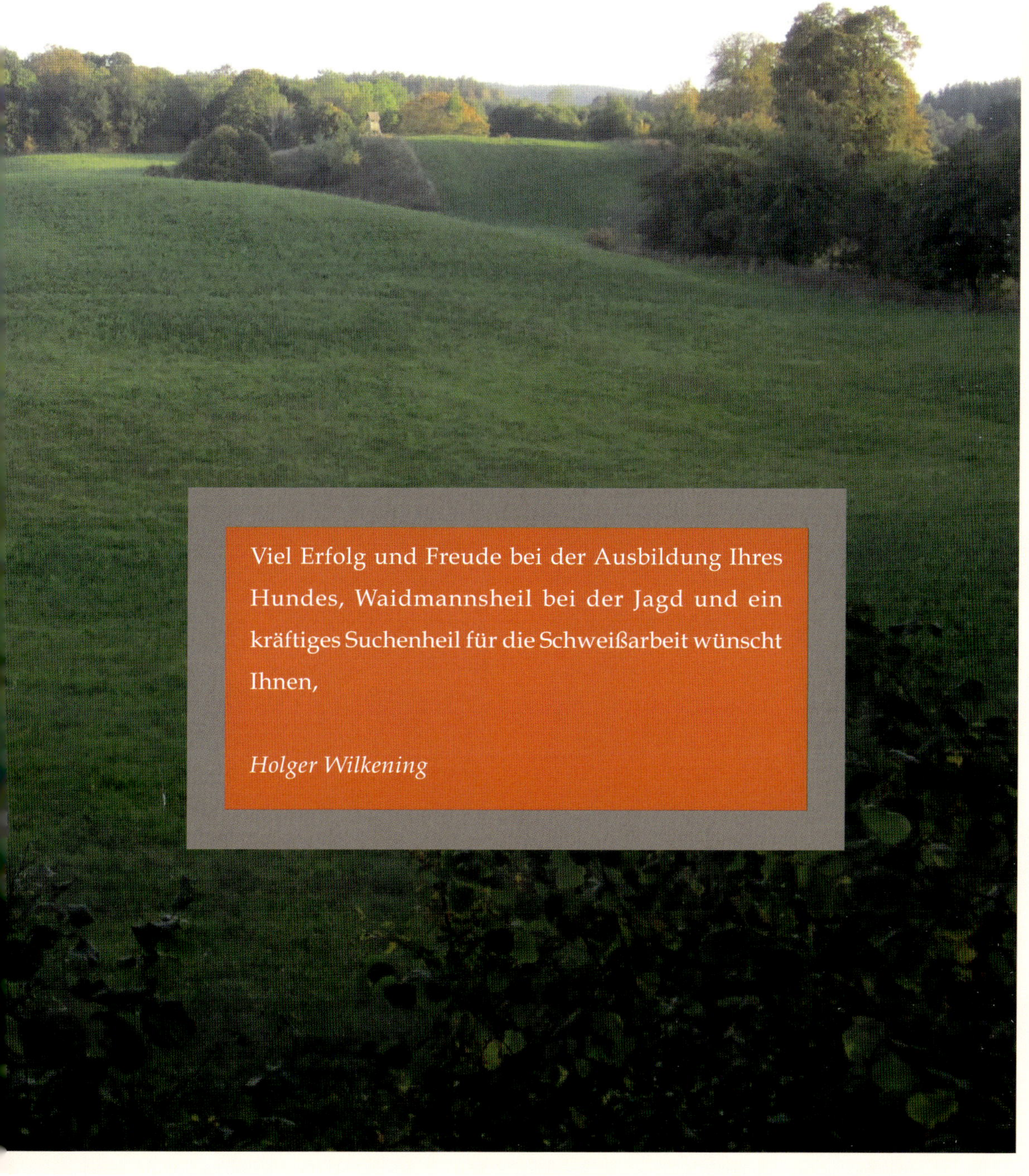

Viel Erfolg und Freude bei der Ausbildung Ihres Hundes, Waidmannsheil bei der Jagd und ein kräftiges Suchenheil für die Schweißarbeit wünscht Ihnen,

Holger Wilkening

WEITERE INTERESSANTE BÜCHER ZUM THEMA

Peter Burkhardt erläutert in diesem Buch alles Wissenswerte zum Thema, damit einem optimalen Jagdverlauf nichts im Wege steht.

192 Seiten, 88 Bilder, Format 170 x 210 mm
ISBN 978-3-275-02003-4
€ 24,90 / € (A) 25,60

Dieses Buch nimmt (Neu-)Pächter an die Hand und begleitet sie durch viele Facetten der Führung und Betreuung eines Waldreviers.

208 Seiten, 108 Bilder, Format 170 x 210 mm
ISBN 978-3-275-01918-2
€ 19,95 / € (A) 20,60

Dieses Buch begleitet den Leser Monat für Monat durch ein »Rotwildjahr« im Revier und vermittelt tiefgreifende Erkenntnisse über unsere größte heimische Schalenwildart.

160 Seiten, 80 Bilder, Format 170 x 210 mm
ISBN 978-3-275-01792-8
€ 19,95 / € (A) 20,60

Ausführlich werden Jagdarten erläutert, Tipps zu Ausrüstung und Sicherheit gegeben sowie Wissen vermittelt zum ersten Ansitz, zur ersten Drückjagd oder zum ersten Entenstrich.

160 Seiten, 80 Bilder, Format 170 x 210 mm
ISBN 978-3-275-01745-4
€ 19,95 / € (A) 20,60

Stand Juli 2016
Änderungen in Preis
und Lieferfähigkeit vorbehalten.

Überall, wo es Bücher gibt, oder unter
WWW.MOTORBUCH-VERSAND.DE
Service-Hotline: 0711 / 78 99 21 51

Müller Rüschlikon